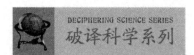

DECIPHERING SCIENCE SERIES
破译科学系列

U0630521

王志艳◎编著

探索自然界的
神秘现象

科学是永无止境的
它是个永恒之谜
科学的真理源自不懈的探索与追求
只有努力找出真相，才能还原科学本身

延边大学出版社

图书在版编目（CIP）数据

探索自然界的神秘现象 / 王志艳编著 . —延吉：延边
大学出版社，2012.9（2021.6 重印）
（破译科学系列）
ISBN 978-7-5634-5034-3

Ⅰ．①探… Ⅱ．①王… Ⅲ．①自然科学－普及读物
Ⅳ．①N49

中国版本图书馆 CIP 数据核字（2012）第 220684 号

探索自然界的神秘现象

编　　著：王志艳
责任编辑：李东哲
封面设计：映像视觉
出版发行：延边大学出版社
社　　址：吉林省延吉市公园路 977 号　邮编：133002
电　　话：0433-2732435 传真：0433-2732434
网　　址：http://www.ydcbs.com
印　　刷：永清县晔盛亚胶印有限公司
开　　本：16K　165×230 毫米
印　　张：12 印张
字　　数：200 千字
版　　次：2012 年 9 月第 1 版
印　　次：2021 年 6 月第 3 次印刷
书　　号：ISBN 978-7-5634-5034-3
定　　价：38.00 元

　　宇宙有多大年龄，太阳为什么会发出绿光，海啸是怎么产生的，火焰山真的有火吗，大陆为何都是三角形的？

　　……

　　现代科技发展到今天，人类已经开始飞出地球，走向太空。但是，我们必须清醒地看到，神秘的天体宇宙、奥妙的脚下地球、壮丽的山川河流——对于我们身边美丽而神秘的大自然来说，无不充满着神秘与悬疑，人类对此仍有许多不解的谜团，人类的科学仍然要继续探索与发现之旅。

　　青少年充满好奇心，富有求知欲望，往往对自然界具有浓厚的兴趣，而且对自然界许许多多的未解之谜充满了好奇心。这是青少年的心理特点，也是人类社会进步的一种基本动因。人类正是在这种不断探索的过程中，一步步向前迈进的。

　　本书将自然界最经典的未解之谜一一呈现。通过通俗流畅的语言、新颖独特的视角、大量精美的图片、科学审慎的态度，生动剖析了这些自然之谜产生的原因、原理及其背后隐藏的真相与玄机。

　　希望本书的出版发行能激发青少年读者的兴趣与爱好，使其更加努力学习科学文化知识，掌握探求知识的本领，去探索自然界未知领域的真相。

　　本书在编写过程中，参考了大量相关著述，在此谨致诚挚谢意。此外，由于时间仓促加之水平有限，书中存在纰漏和不成熟之处自是难免，恳请各界人士予以批评指正，以利再版时修正。

目录
CONTENTS

目 录
CONTENTS

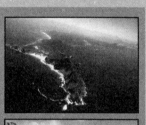

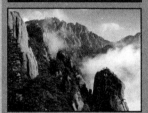

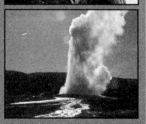

宇宙的年龄与生死

　　长期以来，人们一直认为宇宙是稳固的、不变的、永恒的,所以在心理上，也在追求着永恒的东西，如永恒的爱情、永恒的友谊、永恒的信念、永恒的真理。但是宇宙大爆炸，彻底粉碎了"永恒"的根基，连宇宙都是天然形成的，还会有什么永恒的东西呢? 人们在困惑之余，又提出了一堆新的问题：宇宙既然有生，会不会有死呢? 如果宇宙真是由大爆炸形成的，这次大爆炸又是在什么时候发生的呢? 这也就是说，科学家们必须回答宇宙的年龄问题。

　　要推算宇宙的年龄，首先必须确定哈勃常数。

　　哈勃定律告诉我们，离我们愈远的星系，飞离我们的速度也就愈快,而且是线性关系，也就是说速度与距离成正比，而速度和距离之比。就是哈勃常数。但是，要精确地确定出哈勃常数，并不是一件容易的事。由于各种条件的限制。科学家们在确定哈勃常数方面，还没有形成一致的意见，所得到的数值，也还有很大的差异。到目前为止，大多数科学家所认定的宇宙年龄，大致是在80～200亿年之间。由此推算出来的宇宙的直径，大约有80～200亿光年。现在，由美国发射到太空的哈勃望远镜，正在对着茫茫宇宙，进行着更加精确的观测。科学家们希望通过它所得到的数据，可以解决目前关于哈勃常数的争端，以便在最近的将来，能够确定出比较确切的宇宙年龄来。

　　接着人们自然会问，宇宙既然有生有长，它会不会衰老呢? 当然会的。按照大爆炸的理论，宇宙从形成、演化到现在，已经经历了3个不同的阶段。第一个阶段，宇宙的温度在绝对温度100亿K以上，所有的物质都集中在一个无穷小的点上。由于极度的高温高压，这一阶段不可能持续太久，估计不会超过一分钟，就向四面八方急速地膨胀开来，这就是所谓的大爆炸。因为急速的膨胀，温度急剧下降，降到绝对10亿K左右时，开始进入第二阶段，中子开始失去自由存在的条件，要么发生衰变，要么与质子结合，生成重氢、氦等元素。另外还有一些光子、电子、质子和较轻的原子核构成的等离子体。当温度降到4000K左右时。等离子体开始相互结合，复合成稀薄的气体。这一过程时间也很短，估计总共只有几千年。当温度降到4000K以下时，由等离子复合而成的气状物质，开始逐渐凝聚起来，形成了一些云状物，叫做气体云。当温度下降到300K时，大约是在大爆炸1亿年以后，恒星，星系和星座开始形成，宇宙进入了第三阶段，就是我们今天看到的样子。

那么，宇宙还会发展变化吗，将来会是什么样子呢？关于宇宙的未来，可能有3种情况，那就是"开宇宙"、"闭宇宙"和"临界宇宙"。为了说明这个问题，不妨先从牧师抛钱的故事说起，如果牧师抛钱的速度大于第三宇宙速度，钱就会飞离太阳系；如果小于第一宇宙速度，钱就会落到地面上。宇宙也是一样，当初大爆炸的时候，物质从奇点往外飞散开去，都有一个初始速度。如果这个初速度，足以克服宇宙的引力而有余，那么所有的物质就会永远向外飞散而去，宇宙将永无休止地膨胀下去，这就叫做"开宇宙"。如果初速度不足以克服宇宙的引力。那么，宇宙在膨胀了一阵之后，又会转而收缩，正如物体从地球上抛出去，在空中飞了一阵之后，又回到了地球上一样。在这种情况下，所有的物质会一直收缩，直到收缩到与开始膨胀时的状态一样，即尺度无限接近于零，这就叫做"闭宇宙"。在这两者之间，有一个临界速度，这一速度刚好可以克服宇宙的引力，使宇宙永远地膨胀下去，但又不至于膨胀得太快，这时就叫做"临界宇宙"。实际上，所谓的临界宇宙，只不过是开宇宙的一个特例而已。天文学家根据研究的结果认为，现在的宇宙非常接近于临界状态。

实际上，上述的计算，只不过是科学家们提出的一种模式而已，宇宙是否就是如此，还有许多未知数。例如，根据爱因斯坦的广义相对论，宇宙将来是继续往外膨胀还是最终倒转过来往回收缩，还取决于宇宙中的总质量，取决于宇宙的密度。随着体积的膨胀，密度会越来越小，当超出某一个临界值时，则会发生与大爆炸正好相反的过程，所有物质开始往后收缩，再来一次"大挤压"，最终集中到一个点上，恢复到大爆炸之前的状态。但是这样的状态极不稳定，很快就又会来一次大爆炸，产生出一个新的宇宙。如此循环往复，以至于无穷，这叫做"振荡宇宙"。如果是这样的话，我们现在所处的宇宙，只不过是振荡宇宙的一个中间过程而已。

那么，宇宙到底有多大年纪呢？由于还有许多不确定的因素，科学家们只能根据理论假设和实际观测的综合结果，给出一个大体范围。根据天文模型的计算和同位素测定以及对星系演化观测的结果，确定出了一个大体的范围，大约是在140到200亿年之间。这也就是说，我们现在的宇宙已经活了大约有140到200亿年了。

宇宙还能活多久呢？关于宇宙的未来，科学家不是算命先生，不可能预知宇宙的寿命。但是，有一点似乎是可以肯定的。无论是开宇宙还是闭宇宙，将来都是要死的。将来总有一天，随着宇宙不断地膨胀，愈来愈多的恒星将耗尽它们的核燃料，而变成白矮星、中子星或者黑洞。中子星和黑洞都不发光，白矮星虽然还有点光亮，但最终也要燃烧净尽，变成一个死寂的黑矮星。到那时候，所有的恒星都消失了，所有的黑洞也都散发尽了它们的能量，太空中再也没有什么能量可以利用了。所有的物理过程和化学过程将完全终止，宇宙也便寿终正寝，正如佛教的"圆寂"一样，科学家们把宇宙的死亡叫做"热寂"。

读到这里。人们也许会害怕起来，为自己的前途而惊呼："宇宙都要'热寂'了，我们还能生存下去吗？"当然不能。实际上，人类文明无论发展到如何高的程度，也总有一天要灭亡的。皮之不存，毛将焉附？宇宙都没有了，人类还能活下去吗？但是，我们也不必"杞人忧宇"，过于紧张。科学家虽然还不知道宇宙的确切寿命，但要"热寂"至少也是几十亿甚至几百亿年以后的事，谁知道那时候人类会是个什么样子呢？

至于宇宙的命运，如果从哲学上来考虑，似乎振荡的宇宙更合乎逻辑，这样就把宇宙万物，从生命到物质、从微粒到星系，完全统一起来了，即万物都有生有死，循环无穷。

最后，必须指出的是，在温度极高、压力极大的情况下，爱因斯坦的理论并不适用。所以，到目前为止，宇宙最初的状态，到底是什么样子，实际上还没有一个明确的答案。

太阳为什么放出绿光

经常在海上航行的海员，有时会看到绿色的太阳，但时间很短，稍纵即逝。

那么，太阳为什么会放出绿光呢？

原来，阳光是由7种不同颜色的光线组成的。当阳光通过三棱镜时，会分成红、橙、黄、绿、蓝、靛、紫7种色光。而大气层也有这种分光作用，雨后天空出现彩虹就是这个道理。当太阳光线射过大气层时，就会使光线折射面发生色散，分解成7种颜色的单色光。

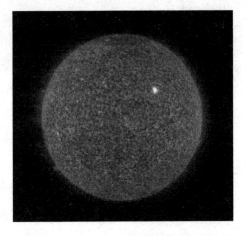

△ 太阳

如果当太阳处于较高位置时，由于太阳光很强，人们就看不到因折射而引起的色散现象。只有当太阳接近地平线时，光线才大大减弱，色散作用才大大增强，太阳光线才被分解成7种颜色。其中红光波长最长，折射角最小，故排列在最下边；紫光波长最短，折射角最大，故排列在最上边，其余各色依次排列。

到了傍晚日落时分，红光最先没入地平线，紧接着是橙光、黄光。这时地平线上还有绿光、蓝光、靛光和紫光。但是由于紫、靛、蓝等较短波长的光在穿过大气层到达地面之前，几乎完全被大气层散射掉了，在湛蓝的天空中显示不出来，只有绿光能穿过大气层到达我们眼里而闪射出独特的光辉。

地球的年龄和演化

地球形成的初期，就像是一团烈火，表面温度高达几千度，既没有岩石，又没有生物。后来随着时间的推移，岩浆慢慢冷却，形成了一层硬硬的外壳，这就是地壳。地质学家们说，地壳形成至今，大约已经有46亿年的历史了。这46亿年的历史也正是其漫长的演化史。地壳的演化，是在两个方面同时进行的：一是地质构造运动，于是有了陆地、海洋、高山、平原；二是生物上的进化，于是有了微生物、植物、动物和人类。

通常，人们主要根据古生物的化石，把地球的地质演化史，分为四个主要阶段，那就是：前寒武纪（包括太古代和元古代）、古生代、中生代和新生代。其中，前寒武纪大约持续了40亿年的时间，几乎占整个地质历史的85％。古生代大约是从6亿年以前开始的一直持续到2.25亿年以前，大约正好占整个地质历史的10％。中生代是从2.25亿年以前到6500万年以前，约占地质历史的4％。新生代则是从6500万年以前到现在，约占地质史的1.5％。那么，在各个地质历史阶段，地球的面貌又是怎样的呢？

前寒武纪初期，是地壳形成的时期，渐渐冷却下来的地壳，起初只有几百米厚，就像火山喷发之后在表面上冷却的岩浆一样。那时候，因为温度太高，天空中可能有云，但地上不可能下雨。随着温度下降，地壳也在渐渐增厚。2.5亿年以后，地壳终于冷却到了足以接受降雨的程度。于是，堆积的岩浆形成了高山，降水则冲刷着地面，在大海中形成了沉积，为沉积岩的形成创造了条件。而在这之前，地球上只有各种各样的火成岩。后来，随着高山的隆起和海洋的扩大，便在水中演化出了最初的生命形式。由于它们的光合作用，大气中便有了氧气和二氧化碳。海里才有了石灰岩这样含碳的沉积。氧气挡住了紫外线，二氧化碳调节了空气的温度，为生物的大量繁殖创造了条件。

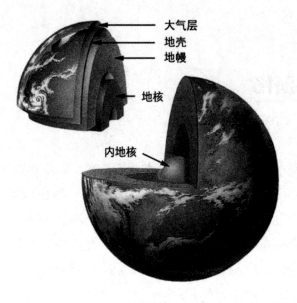

大气层
地壳
地幔
地核
内地核

△ 地球的结构，通过研究不同的地质层，我们知道地球的年龄

从前寒武纪到古生代。其明显的变化是，沉积岩中出现了大量具有硬壳的海洋无脊椎动物化石，有人把这种现象叫做"生物的爆炸"。至于为什么会有此突然的变化，科学家们仍然弄不清楚。有人认为，这可能是由于海水的化学成分发生了重要变化的缘故。而在此之前，也就是前寒武纪后期，软体的无脊椎动物已经在海洋里大量繁殖。后来，它们之所以能长出硬壳来，可能是因为那时海洋中的二氧化碳含量已经相当丰富，这些动物可以利用它们制造出足够的碳酸钙，作为自己防身的盾牌。不管是什么原因，这一突然的变化，在地质历史上是非常重要的。

后来，随着动物的种类愈来愈多，植物开始在陆地上大量生长，最初的脊椎动物——鱼类开始出现。到古生代后期，沼泽中长出了高大的森林。因此，煤田沉积成了这一时期最重要的标志。那时候的海洋是很浅的，由于雨水的冲刷，在海洋中形成了厚达1万多米的沉积物。但大海并没有被填平，由此可见，那时的海底仍然是在继续下沉之中。与此同时，高山也在不断地隆起，而把含有生物化石的海底沉积物带到了山顶。由于地壳运动的结果，把地球上所有的大陆都带到了一起，形成了一块巨大的大陆，叫做潘加（Pangaea）古陆。

保存在岩石里的化石表明，到了中生代，其动植物种类和分布与古生代相比，又有了明显的不同。最具特色的是恐龙，是这一地质时代典型的标志。那时候，天上飞的，地上爬的，山上跑的，水里游的都是恐龙。它们统治着整个地球，达到了鼎盛时期。与此同时鸟类也开始出现了，与会飞的恐龙相比，显示出了更大的优越性。哺乳动物也来到了这个世界上，虽然个子比较小，但繁殖的速度却很快，在地球上蔓延扩散开来。在植物中，针叶林随处可见，占据了主导地位。但到了古生代后期，与现代相类似的阔叶林开始出现，并且繁衍出大量的开花植物。海里的生物则有珊瑚、蚌类和各种带壳的生物，有些动物与现在的动物基本相同，但与古生代的类似生物却有很大的区别。其中，最典型的是带壳软体动物菊石。有的直径可达30多厘米。

大约2亿年以前，即中生代中期开始，潘加古陆开始分裂，几块大陆飘然而去，陆地上的生物便被隔断了联系，演化出了不同的物种。

当人们把地球演化的历史，一点一滴地恢复起来的时候。就会发现许多神秘莫测，令人难以理解的事实。其中最有趣也最具戏剧性的，就是恐龙的灭绝。曾几何时，巨大的恐龙家族趾高气扬，横行无阻，看上去几乎是不可战胜的。但是到了大约6500万年以前，它们却突然消失得无影无踪，到底为什么，至今依然众说纷纭，莫衷一是。不仅如此，中生代的生物，无论是海洋生物还是陆地生物，很少有活到新生代的。因此，从生物进化的规律来看，中生代和新生代之间并不连续，出现了一个非常大的鸿沟。

新生代的构造运动非常强烈，北美洲的洛基山和太平洋沿岸山脉，南美洲的安第斯山，欧洲的阿尔卑斯山和地中海沿岸山脉，往东一直延伸到亚洲的喜马拉雅山，都是这一时期形成的。这些构造运动至今仍在继续当中。所以这些山脉所在的地区，都有强烈的地震活动。

当然，新生代还有另外一个极为重要的飞跃，那就是在最后数百万年的时间里，人类终于来到了这个星球上，成了至少到目前为止所知道的、宇宙中唯一具有高智商的精灵。

大气是从哪里来的

在了解大气的神秘美妙之后，人们必然要问，这些大气到底是从哪里来的呢？要了解这一点，必须从整个地球和地球上生命的演化历史说起。

大家都知道，地球已经有大约46亿年的历史了。至少从35亿年以前，生命就开始出现了。但是，在地球刚刚形成的时候，其实并没有大气。那么，这些大气是从哪里来的呢？答案是从地下冒出来的，是火山喷发的结果。直到今天地球上的火山仍在不断地活动之中，但在地质历史上的某些时期，地球上的火山活动要比今天猛烈得多。那么，火山活动都喷发出一些什么样的气体呢？就以夏威夷为例，其火山气体的成分（约数）是：

气体	体积（百分比）
水分（H_2O）	79.31
二氧化碳（CO_2）	11.61
二氧化硫（SO_2）	6.48
氮（N）	1.29
其他气体	0.73

可以猜测，过去的火山活动与现在的火山活动，所喷出来的气体在成分上应该是大体一样的。但是，如上表所示，如果把这些火山气体与现在的大气一比较，立刻就会发现一个非常重要的区别，即在火山喷发出来的气体中，并没有氧气。

原来，火山气体从高温高压的地底下喷发出来以后，必然会发生物理和化学上的急剧变化。例如，水蒸气冷却以后就会凝结成水，汇集成了大洋；大部分氢气因为比重小而上升，终于挣脱了地球的引力而散向了太空；二氧化碳则与地表的其他矿物发生化学作用，变成了含碳矿物和岩石。但是所有这些变化，都不可能产生出为生物所必需的氧气。那么，空气中的氧气又是

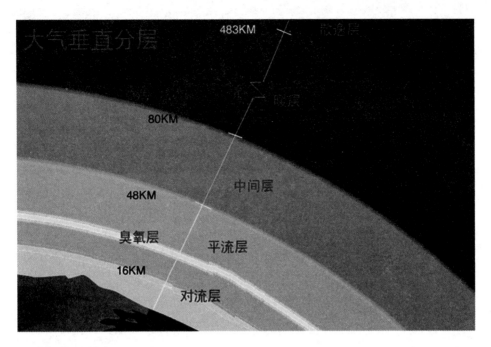

△ 大气层垂直分层

从哪里来的呢?

事实上,地球形成以后,在最初的几百万年里,大气中是没有氧气的。这有几个很明显的证据:第一,最早的物质很少氧化。例如,沉积在古老地层的加拿大盲河地区的铀矿,在地下时保存完好,一旦暴露在现在的大气里,立刻就会被氧化;第二,在自然界中,没有任何已知的氧气来源存在;第三,对古生物的研究表明,地球上最初的生命,是在没有氧气的环境中演化出来的。

那么,后来的氧气到底是怎样产生出来的呢?有两种理论对此作出了解释:一种理论认为,大自然中的水,是最大量也是最现成的含氧物质。在强烈的紫外线的照射下,大气中的水蒸气就有可能发生光化分解,产生出大量的氢气和氧气。公式如下:$2H_2O+紫外线=2H_2+O_2$

但是,这种理论有一个缺陷,因为在这种光化分解的过程中,必然产生大量的氢气,而要使这么多氢气,都挣脱地球的引力而跑到太空里去,显然是不可能的。因此,这种光化作用即使存在,也不可能是氧气的主要来源。

另外一种理论认为，氧气可能正是来自于生命本身，正是由于光合作用所造成的。在光合作用中，二氧化碳和水化合，产生了碳氢化合物和氧气，公式如下：$6CO_2+6H_2O=C_6H_{12}O_6+6O_2$

科学家分析的结果表明，大气层中的氧气，有99％是由光合作用产生的，只有1％是由光解作用产生的。但是，这又产生了另外一个问题。如上所述，是电离层中的氧和平流层中的臭氧，把太阳辐射来的紫外线的绝大部分反射回了太空。如果大气中根本就没有氧气，太阳的紫外线就会直射地面，可以杀死所有的细胞，那么地球上最初的生命又是怎样生存下去的呢？对此，科学家们解释说，最初生物都是生活在水里的，因而有效地避开了紫外线的照射。但是。它们又不可能完全生活在黑暗之中，还需要一定的光线来进行光合作用。由此可见，地球上最初的生命，生存环境是非常严酷的，因为没有氧气，太阳紫外线可以一直照射到水下10米。由此可以猜测，那时的生物，可能就是生活在这个深度以下，由于光的照射量很少，光合作用也很微弱，产生的氧气也很少。后来，随着时间的推移，大气中积累氧气的浓度愈来愈大，照射到地面的紫外线也就愈来愈少。于是水里的生物也就渐渐上升，接受的阳光也就愈来愈多，产生的氧气也就愈来愈多，后来终于浮上了水面，并且爬上了陆地，使大地披上了绿色。最后，大气中的氧气愈积愈多，终于达到了现在的浓度。这就是地球大气，从还原性大气转换成氧化性大气的历史。正因如此，我们才有了今天这样可以自由呼吸的空气。

就这样，地球像是一个伟大的母亲，用了大约10亿年的时间，积累起了足够的大气，凝结成了大量的水分，冲刷出了江河，会聚成了海洋，为生命这个婴儿的诞生，奠定了丰厚的基础，创造了优越的条件。那么，生命是如何来到这个星球上的呢？

大气层到底有多厚

　　大气层又叫大气圈，地球就被这很厚的大气层包围着，大气层的空气密度随高度减小，越高空气越稀薄。人们根据一定的特征将其分为若干个层次——对流层、平流层、中间层、电离层和外大气层，每个层次有一定的厚度，但是将每层厚度相加却不是大气层的厚度，这是为什么呢？是因为每一个人的认识不同还是大气也会"胀缩"？

　　地球表面是由一个大气层包围着。人们根据它的特征将它分为各个层次。每个层次有一定的厚度，但是它究竟有多厚呢？从发现有大气层以后，人们就一直在探讨这个问题。

　　1644年，托里彻利和维瓦尼通过实验推算出大气层的厚度大约是8千米。后来人们发现气体受到压力时体积会收缩，所以在大气层的垂直方向其高度随密度的变化而变化，其中在海平面上的大气层最稠密，并意识到大气层厚度绝对不止8千米。

　　到了20世纪40年代，火箭技术获得了成功，人们用火箭探测大气上界的限度已超过400至500千米。后随着空间技术的发展，人们发现极光出现在800～11200千米上空，因此有科学家把1200千米作为大气的物理上界。随着对大气层的不断认识，美国科学家施皮策又把500～1600千米的高度称之为"外大气圈"，并认为大气由这一高度逐渐消融到星际特质之中去了。大气层上界大约是2000至3000千米。

　　而比利时的尼克莱发现320～1000千米高度范围存在一个"氦层"，在这层以外，还有一层更稀薄的"氢层"，它可能延伸到64000千米左右的高空。

　　由于科学家们划分的方法不同，才让大气层的厚度出现了这么多的结果。大气层究竟有多厚，可能始终是科学研究的难题。

地磁转动之谜

地球的磁场并不是从形成时就不变的。科学家说地球的南北磁极曾经发生过对换，即地磁的北极变化成为地磁的南极，地磁的南极变成地磁的北极。这就是"磁极倒转"。而在地球45亿年的岁月中，磁极倒转已经发生了好几百次。

人们在世界各地记录当地的地磁场方向和强度。后来科学家们又发现在火山熔岩和大陆与海底的地质沉积物当中，能够找到更加久远的历史上的地磁记录。所有这些数据都告诉我们，地球磁场的空间分布非常复杂，反映了它的产生机制也非常复杂，绝不是可以简单地想象为由一根南北向的磁铁棒所发出的；而地磁场的方向与强度在漫长的历史当中随着时间而发生的变迁，也是充满了未解之谜。

在地球演化史中，"磁极倒转"事件经常发生。仅在近450万年里，就可以分出四个磁场极性不同的时期。有两次和现在基本一样的"正向期"，有两次和现在正好相反的"反向期"。而且，在每一个磁性时期里，有时还会发生短暂的磁极倒转现象。

地球磁场的这种磁极变化，同样存在于更古老的时代。从大约6亿年前的前寒武纪末期，到约5.4亿年前的中寒武世，是反向磁性为主的时期；从中寒武世到约3.8亿年前的中泥盆世，是正向磁性为主的时期；中泥盆世到约0.7亿年前的白垩纪末，还是以正向极性为主；白垩纪末至今，则是以反向极性为主。如果把地球的历史缩短成一天，在这期间你会发现手上的指南针会疯了般地旋转。

地球为什么有磁场？磁场又为什么会反转？

第一种解释：地球磁场变化可能与来自地下的低频辐射有关。

科学家发现来自地下的低频辐射与一些神秘的事故存在密切关系。现在

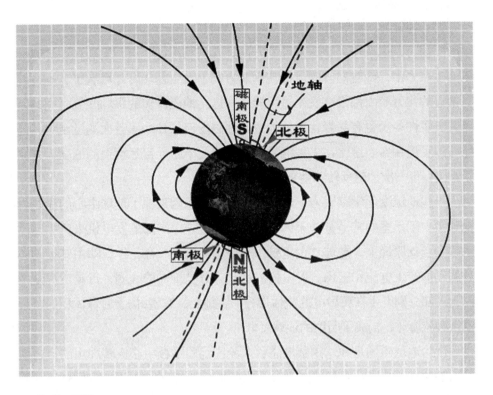

△ 地磁示意图

尚不清楚产生这种辐射的确切原因，但科学家估计可能是地壳运动的结果。当地壳剧烈运动时，电磁粒子就会从地下逃逸出来。检测显示，当这种辐射爆发时，交通事故和求医看病的人会明显增多。

科学家还观察到地球磁场出现了空洞，由此可以推断地球磁极可能会在不久的将来改变方位。事实上，现在北磁极就在向西伯利亚方向移动，南磁极则移向澳大利亚海岸。科学家推断磁极1.5万年才会易位一次，每次都造成大批动物死亡，恐龙、猛犸象很可能就因此灭亡，大西洋一些神秘沉没的海岛也可能与磁极易位有关。

地球上还有不少黑暗地带，在这些区域里事故频发，人体器官也会严重受损，科学家认为这也是辐射在"搞鬼"。在地质断裂带及不同层面的地下水流交汇地区，磁场会出现异常变化，这种变化甚至对大气电流都有影响。研究显示，只有5%的人对地下辐射具有抗干扰能力。

第二种解释：地球是一个巨大的"发电机"。

矿物可以记录过去地球磁场的方向，人们利用这一点，发现在地球45亿年的生命史中，地磁的方向已经在南北方向上发生翻转好几百次了。不过，在最近的78万年内都没有发生过反转——这比地磁反转的平均间隔时间25万年要长了许多。更有甚者，地球的主要地磁场自从1830年首次测量至今，已经减弱了近10%。这比在失去能量来源的情况下磁场自然消退的速度大约快了20倍！下一次地磁反转即将来临吗？

一些地球物理学家认为，地球磁场变化的原因来源于地球中心的深处。地球像太阳系里的其他某些天体一样，是通过一个内部的发电机来产生自己的磁场。从原理上，地球"发电机"和普通发电机一样工作，即由其运动部分的动能产生电流和磁场。发电机的运动部分是旋转的线圈，行星或恒星内部运动部分则发生在可导电的流体部分。在地心，有着6倍于月球体积的巨大钢铁融流海洋，构成了所谓的地球发电机。

认为地球磁场是地球内部液态铁质流围绕着地核中心倒转产生的。当地球内部的液态铁流发生某种变化时，就可能导致流动方向的180度倒转，从而使地球磁场发生倒转。

而两极倒转过程中磁场消失的时间有多长，也一直是科学家们争议的焦点。一部分科学家认为，地球磁场消失的时间将持续几千年，在这几千年内，地球将完全暴露在太阳辐射的致命"烧烤"中。然而另一些科学家则认为，地球两极磁场倒转导致的磁场消失最多只会持续几个星期。由于地磁还不能被我们完全熟知，所以这些问题还没有准确的答案。

地球是在变暖，还是在变冷

人类对地球的未来有种种的猜测，如随着人类活动的增加，地球是在变暖，还是在变冷，就引起众说纷纭。

宇宙飞船对金星的探测表明，金星表面的温度可达480℃。究其原因，发现金星大气中含有大量二氧化碳，形成一层屏障，使太阳射上金星的热能，不易散发到大气层中去，从而使金星的温度日渐增高。

地球上由于人口剧增，工业发展，森林大量采伐，自然生态遭到严重破坏，致使二氧化碳逐年增加，造成地球上空的二氧化碳浓度越来越高，类似金星之状，地球上的气温也在逐年增高。仅以东京为例，20多年来东京的平均气温已增高2℃。另外，人造化肥能捕捉红外线辐射，大片积雪的融化，会减弱地球对太阳光的反射。诸如此类的原因，也使地球的温度逐年增高。

与上述观点截然相反的一种观点是变冷说。持这种观点的人认为，未来几十年的气候将逐渐变冷。其依据是：虽然二氧化碳在稳定增加，但自20世纪40年代中期开始，特别是20世纪60年代以来，北极和近北极的高纬度地区，气温明显下降，气候显著变冷。例如在日本，20世纪60年代以来，樱花开花日期较50年代明显推迟，而初霜期则相应提前了。在北大西洋，出现了几十年从未见过的严寒，海水也冻结了。在格陵兰和冰岛之间曾一度连成"冰陆"，北极熊可以自由来往，成为罕见的奇闻。有人认为，20世纪60年代的气候变冷是"小冰河期"到来的先兆，从新世纪开始世界气候将进入冰河时代。

这个争论还会继续下去。

地球在缩小还是在增大

火山喷发时，会从地球深处喷射出大量的物质，这些物质中含有大量的甲烷、氨氢等气体。地震过后，大气里的甲烷浓度也会升高。这些现象都说明地球深处的气体会在地球释放能量时冲出来，释放到大气中。

另外，海员们在航海途中，能看到比海啸更可怕的海水鼎沸现象，这种翻江倒海的奇观，也是地球放气的结果。

△ 从外太空中看地球

根据地球放气的现象和地球深处的物质大量外喷的事实，有人认为，地球内部越来越小了，地球的体积在逐渐缩小。但是，不久苏联科学家公布说，地球自诞生以来，其半径比原来增大了1/3。理由是各大洋底部在不断展。这种展是沿着从北极到南极，环绕地球的大洋中部山脊进行的。经查明，太平洋底部的长度和宽度，每年展速度达到了几厘米。这种展由地球深处的大量物质向上涌溢，推展洋底地壳，使地心密度变小，而地球的体积就增大了。然而哪种观点更准确，还有待科学家进一步研究。

神秘消失的地壳之谜

2007年，科学家在大西洋中脊发现一个奇怪的海底洞穴，多达数千平方千米的地壳在这里神秘地消失了，而本应位于地表下约6千米处的地幔却直接裸露在外。而地球由表及里是由地壳、地幔和地核构成，地幔的上一层应该是地表，还没有发现过地幔直接露在陆地外面的现象。人类在海底钻探曾经达到2111米，即便从最薄的地壳处开始钻起，也无法抵达地幔层。那么方圆数千千米的地幔上的地壳去哪里了呢？

据科学家考察，这个"海底黑洞"形成于大西洋板块以每年2厘米的速度分裂之时，因此他们认为大洞可能满是火山喷发物质。一般来说当地球板块被撕裂时，地幔必将升起以填补裂缝。但这一过程却没有在这里出现，它与传统的板块构造学说相悖。

迄今为止，科学家们关于大西洋中脊的这个神秘"地壳空洞"基本存在着两种猜想：第一种是，两大原本相邻的地质板块在发生游离时，导致原本位于底层的地幔上升。不过，上浮至地表的地幔并非熔化的岩浆，而是固态的石块；第二种是，由于地壳发生断裂，导致海底地幔上方自然出现一个空洞。不过，也有科学家认为，"地壳空洞"的出现也可能是上述两种现象共同作用的结果。

到目前为止，关于这个黑洞的一切还是一个未解之谜。只有等待科学家的进一步探索，才能解开这个谜团。

雷暴能引起大西洋飓风吗

大西洋飓风极具破坏力，它顷刻间就能吞没海上任何行走的船只。然而是什么引起了大西洋的飓风，却一直存在分歧。以色列的几名科学家称大西洋飓风是由发生在埃塞俄比亚高原的强雷暴引发的。

△ 大西洋飓风卫星图

他们统计了2005年到2006年的记录在案的飓风次数，发现2005年发生的风暴有28次，2006年却只有10次，数量下将了64％。同时夏季发生在东部非洲主要是埃塞俄比亚高原的闪电2006年比2005年减少了23％。因此，他们认为埃塞俄比亚高原发生的强雷暴与大西洋飓风有密切的关系。他们说东部非洲强烈的闪电影响了穿越非洲大陆西行的风。雷暴越大，大气的波动也越大，在雷暴引发大气波动时还会引起低压区。这些低压区中，只有一小部分会形成飓风，对美国造成损害。但是在美国经历的所有大飓风中，绝大部分都是由闪电造成的。研究者称85％的强烈飓风和三分之二的大西洋飓风都是由东部非洲雷暴形成的非洲东风波发展而来。

但这种说法还只是一种推测，事实究竟如何还有待科学家的进一步研究。

为什么说地球的构成好比一个鸡蛋

通常我们在谈到地球的构成的时候，习惯于用鸡蛋作比喻。那么它的"蛋壳"、"蛋清"以及"蛋黄"都是什么呢？19世纪中叶，地球科学家开始使用地震的方法研究地球内部的结构与构成。根据地震波传播速度的突然变化，先后发现地球内部存在着7个显著的不连续界面，其中最主要的不连续界面有两个，并据此判定地球内部存在着地壳、地幔和地核三个圈层，它们的密度、压力、温度、物理状态和

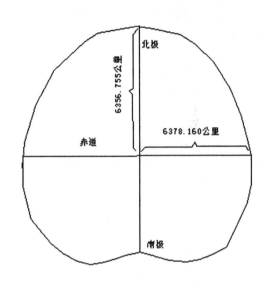

△ 地球的形状

化学成分存在着明显差异。目前比较流行的看法为：地壳由低密度的富铝硅酸盐岩石组成；地幔主要由中密度、固态富镁硅酸盐岩石组成；地核主要由高密度的铁镍合金组成，外核呈液态，内核呈固态。

地壳是包围在地球周围的坚硬的外壳，由一层层的岩石构成，相当于鸡蛋的"蛋壳"。地壳薄厚不一样，高山处地壳较厚，海洋下面地壳较薄，大陆地壳平均厚度有30多千米。地壳是由一层层坚硬的、沉重的岩石构成的，因此越往地壳深处压力越大。另外，越往地下，温度越高，每向下100米温度升高约3℃。

在地壳深处温度可达1000℃左右。在高温和高压作用下，地壳深处的

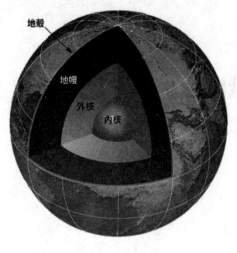

△ 地球的构造

物质会变成像炼铁炉内的铁水一样的浆状。由于它的成分与岩石差不多，人们便把这种火热的浆状物质叫做岩浆。

地壳往下的那一层叫做地幔，又称"中间层"，它相当于鸡蛋的"蛋清"，介于地壳和地核之间，是固体层，厚度为2900千米左右。地幔可分为上下两层。上地幔深度为35～1000千米，上地幔最靠地壳的一层是由橄榄岩一类的物质组成，这种物质非常坚硬。现在知道最深的地震是发生在地下700千米的地方，即地幔上部。地幔的物质可能是固态的，也可能像粘胶一样处在半流动状态，当它受到外力作用时，能够变形而不致破裂。如果地壳的某个地方发生了裂缝，地幔上部的物质就会喷出地表，变成熔融炽热的熔岩，这就是火山喷发了。下地幔离地面1000～2900千米，可能比上地幔含有更多的铁。地幔体积占地球总体积的83%，质量占整个地球的66%。

很显然，地核就相当于"鸡蛋黄"了。地幔再往里就是地核，它的半径约3500千米。地核可分为"外地核"和"内地核"两层。处在地表以下2900～4980千米的部分叫外地核，是液体状态。4980～5120千米深处，是一个过渡带，从5120千米直到地心则为内地核，是固体状态。地核的成分主要是铁，另外还有一些镍和碳的元素。内地核的半径约1300千米，因为地核离开地面太深，所以我们至今对它了解不多。

地球之水哪里来

在太阳系里，地球是颗得天独厚的天体，它离太阳不近也不远；温度不太高也不太低；有稠密的大气层和丰富的水资源。据计算，地球上的水的总量达到145亿亿吨。它广布于地球的各个角落。江河湖海是它们的故乡；地下、大气、岩石和矿物中有它们的踪影；甚至在所有生物体中，水几乎占有它们组成物质的2/3。

水使地球生机盎然，水使地球生命能繁衍生息，水带来了人类文明世界进步。当人们放眼宇宙时，才发现地球与其他行星比较起来，是那么特殊，地球是唯一拥有液态水的行星。那么地球之水是从哪里来的呢？

很多人这么认为，地球之水与生俱来。

太阳系形成假说——星云说认为，地球和太阳系的各大行星，均起源于一个原始星云——太阳星云。太阳星云的物质由三类组成：一类是气物质，包括氦和氢，占总重量的98.2%；另一类是冰物质，包括水冰、氨、甲烷、氧、碳、氮和氢的化合物，含量约为1.4%；再一类是土物质，主要包括铁、硅、镁、硫等重元素与氧的化合物，它们的数量在星云中只占0.4%。

太阳星云起先是非常疏散的。在有引力的作用下，大的物质吸引小的物质，最后在中间形成了太阳，周围形成行星。在行星演化的漫长过程中，由于受到中心天体——太阳热力和引力的影响，气物质、冰物质和土物质的分配是不均匀的。它因距太阳远近不同而不同。地球离太阳较近，所以它主要由土物质组成，也有少量的冰物质和气物质参与。其中参与组成的冰物质就成了地球上水的来源。

科学家认为，地球之水除与生俱来的外，还通过自身的演化而不断地释放。例如在火山活动区和火山喷发时，都有大量的气体喷出，其中水蒸气占75%以上。还有，地下深处的岩浆中也含有水分，而且深度越大，含水越多；除此以外，和地球同宗同祖的陨石，里面也含有0.5～5％的细微水分。由此可以证明，在由土物质组成的地球中参与了一定数量的水。

随着人们对火山研究的深入，有人发现，火山活动时释放的水，并不是新生的水，而是渗入地下的雨水。科学家是通过测定这些水的同位素以后才认识到这一点的。因此这种有根有据的说法无疑对"地球之水与生俱来"的假说是一种挑战。

为了寻求地球之水的渊源，有人把眼光投向了宇宙。他们说，地球之水的主要来源是在地球形成之后，从宇宙中添加进来的。

1961年，有一位叫托维利的科学家提出了一个令人耳目一新的假说。他说，地球上的水是太阳风的杰作。

太阳风顾名思义就是由太阳刮起的风。当然这种风不是流动的空气，而是一种微粒流或叫做带电质子流。太阳风的平均速度达每秒450千米，比地球上的风速高万倍以上呢！当太阳风向近地空间吹来时，绝大部分带电粒子流被地磁层阻挡在外，少量闯进来的高能粒子马上被地磁场捕获，并囚禁在高空的特定区域内。

托维利认为，太阳风为地球作出了有益的贡献，那就是为地球送来了水。这话该怎么理解呢？

托维利经过计算指出，从地球形成到今天，地球已从太阳风中吸收的氢总量达1.70×10^{23}克。若把这些氢和地球上的氧结合，就可产生1.53×10^{24}克的水。这个数字与现在地球上水体的总量145亿亿吨十分接近。更重要的是，地球水中的氢和氘含量之比为6700：1这与太阳表面的氢氘比也十分接近。因此，他认为地球之水是太阳风的杰作。

但是，反对这种意见的人提出了质疑：水虽有可能来自太空，却也在不断地向太空散逸。这是因为大气中的水蒸气分子会在阳光的紫外线作用下发生分解，变成氢原子和氧原子。

氢原子由于很轻，极容易摆脱地球的束缚，飞向行星际空间。据计算，它的逃逸数量与进入地球的数量大致相等。因此他们认为，如果地球之水光靠太空供给，而自身没有来源的话，地球就不可能维持现有的水量。

地球之水是太空冰球提供的吗

地球上每天都在接纳天外客人——陨石。这些来自太空的不速之客大部分是石陨石和铁陨石，但也有一些是冰陨石。加入地球"家庭"的冰陨石究竟有多少，它们对地球之水的贡献如何？人们从未注意过，也许认为它们的数量微乎其微，无足轻重。

不久前，美国依阿华大学的科学家弗兰克提出一个论点。

原来，弗兰克在研究人造卫星发回的图像时，对1981～1986年以来的数千张地球大气紫外辐射图产生了兴趣。他发现，在圆盘形的地球图像上总有一些小黑斑。每个小黑斑大约存在2～3分钟。这些小黑斑是什么？经过多次分析，否定了其他一些可能之后，他认为这些黑斑是由一些看不见的由冰块组成的小彗星，撞入地球外层大气后破裂、融化成水蒸气造成的。他还估计，每分钟大约有20颗平均直径为10米的这种冰球坠入地球。若每颗可融化成冰100吨，则每年即可使地球增加10亿吨水，地球形成至今已有46亿年的历史。这么算来，地球总共可以从这种冰球上获得460亿亿吨水，是现在地球水体总量的3倍以上。即使扣除了地球历年散失掉的水分，和在各种地质作用中为矿物和岩石所吸收，以及参与生物体组成的水之外，仍然绰绰有余。

地球之水来自天外冰球的说法，虽然有一定道理，但也受到了挑战。一些研究者在对旅行者二号航天器拍摄的大量照片研究之后，否定了大量冰球飞入地球的看法。因此，地球之水从哪里来还没有定论。

盆地是怎样形成的

盆地四周高、中间低，整个地形像一个大盆。盆地的四周一般有高原或山地围绕，中部是平原或丘陵。

盆地主要有两种类型：一种是地壳构造运动形成的盆地，称为构造盆地，如我国新疆的吐鲁番盆地、江汉平原盆地；另一种是由冰川、流水、风和岩溶侵蚀形成的盆地，称为侵蚀盆地，如我国云南西双版纳的景洪盆地，主要由澜沧江及其支流侵蚀扩展而成。

在我国，准噶尔盆地、柴达木盆地、四川盆地以及塔里木盆地等是比较大的盆地，这些盆地常常是各种矿物资源特别是石油、天然气的富集之地，而且还出产各种丰富的农业产品，因此人们常把盆地称做"聚宝盆"。

那么，这些有聚宝盆之称的盆地是如何形成的呢？

盆地主要是由于地壳运动造成的。在地壳运动中，地下的岩层受到力的作用变得弯曲产生断裂。这时有些岩层上升隆起，有些部分就下降凹陷。如果下降凹陷地区被隆起的部分所包围，就形成了盆地的雏形。

这些突起的部分往往是地壳中比较软且并不稳定的部分受到地壳运动的挤压而剧烈褶皱，继续升起而成为环绕盆地的山脉。至于盆地中间的地壳，通常是地壳中比较坚实稳定的部分。当发生运动时，往往是整体大面积地下降，这就进一步加剧了盆地地质构造的形成。

地壳运动造成盆地这种地质构造以后，再经过风、水、阳光、生物等自然力的改造，就成了我们今天所看到的盆地风貌了。

有些盆地内的自然条件优越，资源丰富，被人们称为聚宝盆。我国的四川盆地素有"天府之国"之称，柴达木盆地富积岩盐，藏语"柴达木"就是盐泽的意思，新疆吐鲁番盆地盛产葡萄。

月球有哪些未解之谜

迄今为止，有关月球的未解之谜有很多，以下几点是较为关键的。

一、月球起源之谜

对于月球的起源，科学家提出3种理论，它们全都有缺陷，但是阿波罗计划却有助于证明，其中看来可能性最小的理论是最佳理论。有些科学家认为，月球是和地球一起，于46亿年以前从一团宇宙尘埃中生成的。另一种理论认为月球是地球的孩子，也许是从太平洋地区抠出去的。然而阿波罗

△ 这是1972年美国阿波罗17号宇宙飞船在返回地球途中拍摄的月球照片

登月探险的结果表明，地球和月球的结构成分差别很大，有一些科学家提出了另一种假说，即俘获说。他们认为，月亮是偶然闯入地球引力场，而被锁定在目前的轨道上。可是，要从理论上解释这过程的机制，难度相当大。因此，上述3种理论全都难以站得住脚。正如罗宾·布列特博士所称：要解释月球不存在，要比解释月球存在更容易些。

二、月球年龄之谜

令人惊异的是，从月球带回的岩石标本，经分析发现其中99%的年龄要比地球上90%年龄最大的岩石更加年长。阿姆斯特朗在寂静海降落后拣起的第一块岩石的年龄是36亿岁。其他一些岩石的年龄为43亿岁、46亿岁和45亿岁。

它几乎和地球及太阳系本身的年龄一样大，地球上最古老的岩石是37亿岁。1973年，世界月球研讨会上曾测定一块年龄为53亿岁的月球岩石。更令人不解的是，这些古老的岩石都采自科学家认为是月球上最年轻的区域。根据这些证据，有些科学家提出，月球在地球形成之前很久很久便已在星际空间形成了。

三、月球土壤的年岁比岩石年岁更大之谜

月球古老的岩石已使科学家束手无策，然而和这些岩石周围的土壤相比，岩石还算是年轻的。据分析，土壤的年龄至少比岩石大10亿年。乍一听来，这是不可能的，因为科学家认为这些土壤是岩石粉碎后形成的。但是，测定了岩石和土壤的化学成分之后，科学家发现，这些土壤与岩石无关，似乎是从别处来的。

四、当巨大物体袭击月球时，月球发出空心球似的声音之谜

在阿波罗探险的过程中，废弃的火箭第三节推进器会轰地一下撞在月球表面。据美国航空航天局的文件记载，每一次这样的响声，听起来仿佛是一个大铃铛的声音。当登月人员降落在颜色特别黑的平原上时，他们发现要在月球表面钻孔十分困难。土壤样品经分析后发现，其中含有大量地球上稀有的金属钛（它被用于超音速喷气机和宇宙飞船上）；另一些硬金属，如锆、铱、铍的含量也很丰富。科学家觉得迷惑不解，因为这些金属只有在很高的高温约华氏4500度下，才会和周围的岩石融为一体。

五、不锈铁之谜

月面岩石中还含有纯铁颗粒，科学家认为它们不是来陨星。苏联和美国的科学家还发现了一个更加奇怪的现象：这些纯铁颗粒在地球上放了7年还不生锈。在科学世界里，不生锈的纯铁是闻所未闻的。

六、月球放射性之谜

月亮中厚度为8英里的表层具有放射性，这也是一个惊人的现象。当阿波罗15的宇航员们使用温度计时，他们发现读数高得出奇，这表明亚平宁平原附近的热流的确温度很高。一位科学家惊呼：上帝啊，这片土地马上就要熔化了！月球的核心一定更热。然而令人不解的是，月心温度并不高。这些热量是从月球表面大量放射性物质发出的，可是这些放射性物质（铀、铊和

钵）是从哪里来的？假如它们来自月心，那么它们怎么会来到月球表面？

七、干燥的月球上的大量水气之谜

最初几次月球探险表明，月球是个干燥的天体。一位科学家曾断言，它比戈壁大沙漠干燥100万倍。阿波罗计划的最初几次都未在月球表面发现任何水的踪迹。可是阿波罗15的科学家却探测到月球表面有一处面积达100平方英里的水汽团。科学家们红着脸争辩说，这是美国宇航员废弃在月亮上的两个小水箱漏水造成的。可是这么小的水箱怎能产生这样一大片水汽？当然这也不会是宇航员的尿液，它直接喷射到月球的天空中。看来这些水汽来自月球内部。

八、月球表面呈玻璃状之谜

阿波罗的宇航员们发现，月球表面有许多地方覆盖着一层玻璃状的物质，这表明月球表面似乎被炽热的火球烧灼过。正如一位科学家所指出的：月亮上铺着玻璃。专家的分析证明，这层玻璃状物质并不是巨大的陨星撞击产生的，有些科学家相信，这是太阳的爆炸某种微型新星状态产生的后果。

九、月亮的磁场之谜

早先探测和研究表明月球几乎没有磁场，可是对月球岩石的分析却证明它有过强大的磁场。这一现象令科学家大惑不解，保罗·加斯特博士宣称：这里的岩石具有非常奇特的磁性……完全出乎我们的意料。如果月球曾经有过磁场，那么它就应该有个铁质的核心，可是可靠的证据显示，月球不可能有这样一个核心；而且月亮也不可能从别的天体（诸如地球）获得磁场，因为假如真是那样的话，它就必须离地球很近，这时它会被地球引力撕得粉碎。

十、月球内部神秘的物质聚集点之谜

1968年，围绕月球飞行的探测器首次显示，月球的表层下存在着物质聚集结构。当宇宙飞船飞越这些结构上空时，由于它们的巨大引力，飞船的飞行会稍稍低于规定的轨道，而当飞船离开这些结构上空时，它又会稍稍加速，这清楚地表明这物质聚焦结构的存在，以及它们巨大的质量。科学家们认为，这些结构就像一只牛眼，由重元素构成，隐藏在月球表面海的下面。正如一位科学家所称：看来谁也不知道该如何来对付它们。

发生在月圆时分的月食之谜

地影分为本影和半影两部分。本影没有受到太阳直接射来的光,半影受到一部分太阳直接射来的光。月球在绕地球运行过程中有时进入地影,这就会发生月食。月球整个都进入本影,发生月全食;只是一部分进入本影,则发生月偏食。月全食和月偏食都是本影月食。有时月球并不进入本影而只进入半影,这称为半影月食。

月食是月球进入地影的现象,所以月食只能发生在"望",即发生在农历十六日前后。由于白道与黄道有约5° 9′的倾角,所以并不是每个望日都会发生月食,而只有当月球运行到黄白交点附近时,才可能发生月食。如单考虑本影月食,每年最多可发生3次,有时则连一次也没有。

月全食的过程可以分为7个阶段:1. 月球刚刚和半影接触时称为半影食始,这时肉眼觉察不到;2. 月球同本影接触时称为初亏,这时月偏食开始;3. 当月球和本影内切时,称为食既,这时月球全部进入本影,全食开始;4. 月球中心和地影中心距离最近时称为食甚;5. 月球第二次和本影内切时称为生光,这时全食结束;6. 月球第二次和本影外切时称为复圆,偏食结束;7. 月球离开半影时,称为半影食终。在月偏食时没有食既和生光,半影月食只有半影食始、食甚和半影食终。月球在半影内时,月面亮度基本不减弱。只有当月球深入半影接近本影时,肉眼才可以看出月球边缘变暗。月球在本影内时也不是完全看不见,即使在全食食甚时,也可以看到月面呈现红铜色。这是因为太阳光通过地球低层大气时受到折射进入本影,投射到月面上的缘故。

月食程度的大小用食分来表示。食分等于食甚时,月球视直径在食甚时进入本影的部分与月球视直径之比。食甚时如月球恰和本影内切,食分等于1,食甚时如月球更深入本影,食分用大于1的数字表示。月全食的食分大于

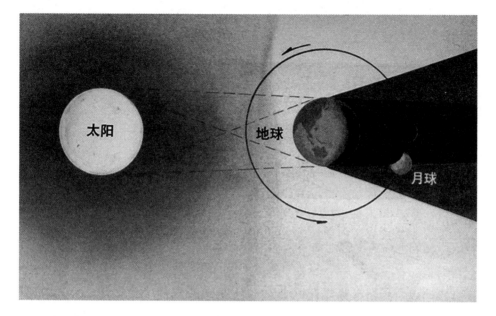

△ 月食形成的原因

或等于1，偏食的食分都小于1。半影月食的食分用月球直径进入半影的部分与月球视直径之比来表示。半影月食的食分大于0.7时，肉眼才可以觉察到。

跟日食一样，月食也有周期性，日食的沙罗周期同样也适用于月食。所谓沙罗周期是指223个朔望月，即6585.3天，合18年零11天（这段时间内若有五个闰年则为18年零10天）。例如1981年7月17日发生月食，18年零11天以后，即1999年7月28日也要发生月食。223个朔望月并不是整天数，尚有余数0.3天，也不恰好等于19个交点年，还有0.5天的差，所以，经过一个沙罗周期后，月食时刻大概要迟7~8小时。月球相对于交点的位置与上一次月食时不完全相同，食分也会有变化。

庐山冰川之谜

  在江西九江市南、鄱阳湖湖口之西，有一座令人神往的山，那就是以"奇秀甲天下"而著称的庐山。然而，云雾弥漫、峰峦隐现的庐山真面目，至今仍是个悬而未解的谜。

  庐山的形成可能是地质年代地壳构造运动的结果。在遥远的地质年代，这里原是一片汪洋，后经造山运动，才使庐山脱离了海洋环境。现今庐山上所裸露的岩山，如"大月山粗沙岩"就是元古代震旦纪的古老岩石。那个时代的庐山并不高，在漫长的地质年代里，它经历了许多次变化。庐山高度上升是在距今约六七千万年前的中生代白垩纪。当时，地球上又发生了强烈的燕山构造运动，位于淮阳弧形山系顶部的庐山，受向南挤压的强力和江南古陆的夹持而上升形成山：山呈肾形，为东北——西南走向，形成了一座长25千米、宽10千米、周长约70千米，海拔1474米以上的山地。庐山的"奇秀甲天下"之说并非过誉，因为这里无论是石、水、树，无一不是绝佳的风景，五老绝峰，高可参天。庐山经常云雾缭绕，说到庐山多雾，这与它处于江湖环抱的地理位置密不可分。由于雨量多、湿度大，水汽不易蒸发，因此山上经常被云雾所笼罩，一年之中，差不多有190天是雾天。大雾茫茫，云烟飞渡，给庐山平添了不少神秘色彩。

  凡到庐山者，必游香炉峰，因为香炉瀑布，银河倒挂，确实迷人。李白看见香炉瀑布后，万分赞叹，留下了千古不朽的诗句："日照香炉生紫烟，遥看瀑布挂前川；飞流直下三千尺，疑是银河落九天。"香炉瀑布飞泻轰鸣之美，至今令到此观光的游者大为倾倒。

  但庐山有没有出现过冰川的问题一直在我国地质界存在争议。

  1931年，地质学家李四光带领北京大学学生去庐山考察时，发现那里的一些第四纪沉积物，若不用冰川作用的结果来解释，很难理解。以后的几次

△ 第四纪冰川遗迹——庐山

考察，从不同的角度再研究这些现象，可以确信是冰川作用的结果。于是，他在一次地质学年会上发表了题为《扬子江流域之第四纪冰期》的学术演讲，提出了"庐山第四纪冰川说"，其主要证据是平底谷、王家坡U形谷、悬谷、冰斗和冰窖、雪坡和粒雪盆地。在堆积方面，他指出：庐山上下都堆积了大量的泥砾，这些堆积显示了冰川作用的特征。

当时，国际地质学界有一种流行的观点，认为第三纪以来，中国气候过于干燥，缺乏足够的降水量，形成不了冰川。英籍学者巴尔博根据对山西太谷第四纪地层的研究，认为华北地区的第四纪只有暖寒、干湿的气候变化，没有发生过冰期。他认为：一些类似冰川的地形，既可能是流水侵蚀所成，也可能是山体原状，而王家坡U形谷的走向可能和基岩的构造有关。法籍学者德日进也排除了庐山存在冰川的可能性。

以后的几年里，李四光也在积极寻找更多的冰川证据，以说服持怀疑论者。1936年，他在黄山又发现了冰川遗迹，更加证明庐山曾有冰川。他的论著《冰期之庐山》总结了庐山的冰川遗迹，进一步肯定了庐山的冰川地形和冰碛泥砾，描述了在玉屏峰以南所发现的纹泥和白石嘴附近的羊背石。该书专门写了《冰碛物释疑》一章，对反对论者所提出的观点进行了分析与反驳。对于泥砾的成因问题，他否定了风化残积、山麓坡积、山崩、泥流等成因的可能性，再次肯定泥砾的冰川成因。不久，他又著《中国地质学》一书，着重讨论了泥流和雪线问题。对于泥流，他认为既然承认如此巨大规模的泥砾是融冻况流所形成的，那就完全有必要承认在高山上发生过冰川作用，因为如果山下平原区发生了反复的冰冻与融化，以致产生了泥流的低温条件，按升高100米降低温度10℃计算，庐山上面的温度就要比周围平原低10～15℃，这样就不可避免要产生冰川。据此，反对庐山冰川的泥流作用，反过来却成了庐山冰川说的有力证据。对雪线问题，他认为在更新世时期，雪线在东亚有所降低，因此虽然庐山海拔较低，也能发生冰川。20世纪60年代初，黄培华再次对庐山存在第四纪冰川提出质疑。其依据是：所谓"冰碛物"不一定是冰川的堆积，其他地质作用如山洪、泥流都可以形成。地形方面，庐山没有粒雪盆地，王家谷等地都不是粒雪盆地，而且山北"冰川"遗迹遍布，何以在山南绝迹？庐山地区尚未发现喜寒动植物群，只有热带亚热带动植物。支持冰川说的曹照恒、吴锡恰从庐山的堆积物、地貌、气候及古生物方面反驳了黄培华的观点。20世纪80年代初，持非冰川论观点的施雅风、黄培华等又进一步从冰川侵蚀形态、冰川堆积和气候条件等方面，对庐山第四纪冰川说加以否定。持冰川论观点的景才瑞、周慕林等人则从地貌、堆积，特别是冰川时空上的共性与个性等方面进一步论证了庐山冰川的可能性。

在最新论据的争论中，持非冰川论观点的谢又予、崔之久作了庐山第四纪沉积物化学全量分析，从"泥砾"中砾石形状、组织的统计、分析，以及电镜扫描所采石英沙表面形态与沉积物微结构特征等，认为庐山的"冰川地貌"是受岩性、构造控制的产物，而不是真正的冰川地貌。所谓"冰川泥砾"也不是冰碛物，而是典型的水石流、泥石流和坡积的产物。

以上的争论并没有完结，面对庐山的地貌和沉积物这一共同事实，争论一方说是冰川作用的证据，而另一方却判定为非冰川作用的证据。庐山的真面目，至今仍是个谜。在庐山上是否存在过冰川，这对我国第四纪地层划分起着重要作用，因此有待于更深入的探讨。

珠穆朗玛峰"长高"之谜

　　喜马拉雅山脉的珠穆朗玛峰坐落在中国与尼泊尔的边界线上，是世界上最高的山峰。然而，在距今1.5亿年前的三叠纪，喜马拉雅山脉地区还是烟波浩渺的古地中海的一部分，直到距今5000万年的第三纪，由于印度板块与亚欧板块相撞，使古地中海东部的海底受到强烈的挤压，从而形成了今天的喜马拉雅山脉和珠穆朗玛峰。1975年7月23日，新华社宣布中国测绘工作者精确测得珠穆朗玛峰的海拔高度为8848.13米。此后，这个高度被认为是珠穆朗玛峰的确切高度。但是随着科学工作者的进一步研究，有人指出珠穆朗玛峰的高度在不断增加，而且在过去的1万年里，它以每年3.7厘米的速度增高。现在，它仍在以不易被人察觉的速度缓慢上升。那么，珠穆朗玛峰会无限制地升高吗？如果是这样的话，它会升到多高呢？如果不是，它又何时停止长高呢？

　　关于珠峰长高这个问题一直是个谜。有的科学家认为，珠穆朗玛峰的增高就像用岩石和泥土叠岁汉。随着层层加码，下面的岩石所承受的压力会逐渐变大。岩石的承受力一旦达到某个极限，岩石就会"粉身碎骨"，高山也将土崩瓦解毁于一旦。为什么会这样呢？从微观角度来看，岩石都是由岩石分子构成的。许许多多的岩石分子以一定的结构相互排列成岩石。它们之所以能够彼此合作，构成坚硬的岩石，是因为它们之间存在着电磁力，就像人们在叠罗汉时用自身的体力来支撑上面的重量一样。一旦上面的重量超过底下人的体力，底下的人就会站立不稳，最终支持不住，以致倾倒。同样的道理，当山的重量大于岩石分子之间的电磁力时，也会造成罗汉倒塌的"悲剧"。于是，底下的岩石就将遭到破坏，高山就会摇摇欲坠，岌岌可危，造成山崩地裂的后果。科学家通过计算得知，地球上山脉的极限高度约为1万米。由于地球上所有山峰都没能达到这一极限，因此它们都将平安无事地屹

△ 珠穆朗玛峰

立在地球表面的各个地方。如果地球上有哪一座山脉企图"崭露头角"，向1万米的高度"冲刺"，那么按照科学家们的预计，它就有可能倒塌下来。珠穆朗玛峰能长到1万米吗，当它长到1万米时，真的会山崩地裂吗？我们只能静观其变了。

乐业天坑惊世奇观之谜

连绵起伏的群山中间突然裸露出一个巨大的坑洞，雄伟的峭壁如斧劈刀削般森然直立，围成坑洞的四壁，远远望去，好像大山对着天空张开了嘴巴。这一奇观就是广西乐业的世界第一大天坑群。

天坑大约形成于6500万年前，与恐龙同时代，状如一个个巨大的漏斗。天坑群由20多个天坑组成，最深的达600多米，浅的有200多米。科学家对其为何能保持6500多万年前的奇观到如今还不清楚。

乐业天坑是典型的喀斯特地貌，但是一种很少见的S构造，简单说就是一种特殊的力场将这块可溶性岩石地区像扭麻花一样地扭了一下，加上充沛的降雨，形成漏斗形天坑。

乘坐直升机从空中俯瞰，20多个天坑密集地排列在方圆20多平方千米的范围内，像一座座竖井，井井相连。

天坑向人类展示着它神奇造化的谜面，天坑下的谜底又是什么呢？中国社科院中国地质学会洞穴研究会、美国洞穴基金会和英国牛津大学洞穴俱乐部的科考专家们曾亲赴广西，对位于乐业的天坑群进行全方位考察，发现了天坑的种种奇观。

奇观一：最大的天坑之一——大石围天坑的白洞天坑与冒气洞相连，一边洞口冒气，一边洞口吸气，而其他天坑没有此种现象。

奇观二：大石围天坑底部连着两条暗河的水温十分奇特，将手伸入水中，两条河的河水一冷一热，专家们无法解释这一现象。

奇观三：专家在大石围底部发现了与天坑外完全迥异的植物，大部分与恐龙同时代。其中有一种从未见过的、羽脉排列十分奇异的蕨类，这应该是一种与活化石桫椤相媲美的珍贵植物。

奇观四：大石围底部暗河的沙滩为金黄色，沙滩上的鹅卵石花纹美丽得不可思议。

奇观五：坑内有一种当地人叫"飞虎"，形似蝙蝠的动物，前后肢有薄膜相连，展开后可以滑翔。地下河里还有形似鲶鱼的盲鱼，它们均失去了视力。

奇观六：专家们在地下溶洞熊家洞发现了数种典型的洞穴生物，一种通体透明，消化道能清晰地被看到，视力已丧失，只留了一个小黑点，但触觉很发达。有一对形似蟋蟀的生物触角是其体长的四五倍，尽管它们看不见人，但人们却很难抓着它，只要一感觉到人手，它们就会蹦得很远。另两种为无脊椎类动物，专家们推测这可能是新物种。

奇观七：大石围天坑附近有一个莲花洞，洞内有大大小小的莲花盆200多个，形似睡莲的莲花盆是如何形成的，还是一个谜。

奇观八：在大槽天坑底部，科考人员发现了一个巨大的洞穴，地洞四壁布满了海洋古生物化石，专家鉴定在二叠纪时这里曾是一个充满生机的海洋世界。这个巨大的"地宫"长为400米，宽为200米，高为200米，是目前所知中国最大的地下大厅。

奇观九：在大坑的罗妹洞，科考人员发现了一个庞大的地下河水系。这个水系呈网状分布，多达数十条，河中没有活的生物。这些暗河表面十分平静，但一踏入水中，河底水流湍急，站都站不稳。

奇观十：在大槽天坑，深达300多米的坑内古木参天、杜鹃花等各种烂漫的山花开满坑底，让人惊疑自己置身世外桃源。

中外科学家认为，这里还将有更为惊人的发现。比如，大石围天坑是世界上唯一的集地下原始森林、溶洞、珍稀动物和地下河流为一体的竖井，这里应该有一个独立而罕见的生态系。除了已发现的天坑，乐业县是否还存在不为人知的天坑，新的天坑是否还在形成，等等。

随着惊世大天坑面世之后，人们纷纷疑问：是谁发现了这一奇观？最早发现乐业天坑的是当地45岁的农民潘政昌。1978年前，他听老人说，古书记载：乐业有天龙口、地下龙宫、地下海洋、地下森林。他与几位好友一起踏勘了大石围等天坑，之后，他将考察材料广为散发。1999年引来了第一批中外探险家，终于向世界展示了这座千百年来沉睡于大山中的奇异天坑。

干旱的新疆可能再成为海洋吗

新疆维吾尔自治区位于中国西北部，是一片神奇的土地。巍峨的昆仑山、天山和阿尔泰山高高耸立，黄沙似海的塔克拉玛干和古尔班通古特大沙漠静静地躺在那里。可是，又有谁会想到，在很久很久以前，这个有着高山和沙漠的地方竟然是浩瀚的古地中海的一部分。

自然界的这一沧桑巨变，早在中国古代时，就已被我国学者们证实了。宋代著名科学家沈括在太行山东侧山石中发现蚌壳化石时，便据此作出了先前这里曾是一片汪洋的论断。在现代地质学中，这些化石是记录历史变迁的最佳载体，了解新疆的过去正是凭借这些动植物化石。

远古时代的新疆与现在迥然不同。在5亿年前的寒武纪，新疆既没有昆仑山、天山和阿尔泰山，也没有塔里木和准噶尔两大盆地。新疆东北和东南有两片古陆，西部是一片汪洋大海，称"塔里木海盆"，也叫"塔里木海"，由于两片大陆夹着一片海洋，使得整个塔里木海盆看上去像一个朝西开口的大喇叭。当时有许多原始的小动物生活在海里，其中要数三叶虫最为常见。在地壳变动中这些三叶虫被沉积物掩埋，经过自然界的长期作用，最后变成了化石。现在，这种化石在新疆的许多地方都能找到。

在距今大约3亿年左右的石炭纪，新疆海域的范围进一步扩大。当时，除了北面的阿尔泰山和南面的阿尔金山一带的岛状山地已屹立在海面上，整个新疆几乎全都淹没在海水之中。新疆北面是准噶尔海盆，也叫"准噶尔海"，这里的海水主要来自东部。新疆南面是塔里木海盆，这里的海水主要来自西面，而深深的天山海槽则位于这两个海盆中间。由于中间没有多少阻隔，南北两个海盆当时可能是沟通的。根据推算，那时的新疆海域面积十分广阔，大小相当于现代的黄海和东海面积之和。

在那个时期，一些原始的鱼类其实和现代鱼类的样子已十分相似，只是

△ 塔克拉玛干沙漠

各种器官的功能还很不完备。此外，珊瑚、带贝壳的腕足动物、海百合等也已十分普遍。在海滨地带和海岛上，许多今天已经灭绝的植物，如亚鳞木、星芦木、羊齿、轮木等蓬勃生长。地质历史时期有几个气候最温暖、湿润的时期，石炭纪便是其中之一。良好的气候条件使得当时的动植物空前繁盛，可以想象那时的新疆海域欣欣向荣的情景：蔚蓝色的海水拍打着岸边礁石；浅水处，珊瑚争艳，鱼儿戏水；海滨地带，高大的树林在微风吹拂下哗哗响着。真是生机盎然，令人向往。

到了石炭纪晚期，新疆的海水开始消退，塔里木海盆的东部已抬升成为陆地。新疆海域面积从那时起就开始不断缩小。2亿年前是二叠纪，新疆海陆变迁在这一时期最为剧烈。大约在2.3亿年前，又一次强烈的地球构造运动拉开了帷幕，地质史上称之为"华力西运动"。新疆在这次构造中出现了大规模的海退，海域面积急剧缩小。到二叠纪末期，新疆大部分已上升为陆地，只有最南边的喀喇昆仑山和东昆仑一带仍在海中。当时新疆已初具今天的规模，北面出现古阿尔泰山，中间是古天山，南面有古阿尔金山和古西昆仑山，古塔里木盆地和古准噶尔盆地也初步成形。这又一次的沧桑巨变使得新疆由海变陆。

二叠纪后，大约有6000万年的时间，新疆的海陆形势没有改变。那时，仅仅是古地中海的北部边缘有海水，而且很浅，且时进时退，其声势和规模已完全不能与昔日相比。新疆的再次改变发生在1.4亿年前的白垩纪到3600万年前的早第三纪。在这一时期内，塔里木盆地西部又经历了一次较大的海进。海水由西边的阿里莱海峡侵入，和田河以西塔里木地区首先被淹没。海水一直往东推进，最后进入东塔里木区，库车一带也浸入了海中，这可能是我国西部的最后一次海进。当时的海水约深100米，不算太深，并且东西不平衡，西部略深些，愈往东愈浅。在这个时期的海水中，体积微小的介型虫、两侧长有突瘤的图片状币虫、圆片虫等是海水中的主要生物。大量海生物死后，其遗体掩埋在沉积物中，经过反复的物理化学变化最后变成了石油。早在第三纪以后，一次强烈的地质构造运动——新构造运动开始重新设计地球的样子了，地球的大部分地区因此又发生了一次沧桑巨变。正是因为新构造运动，地球上才出现了高山、盆地、大海和湖泊，并且与现在的布局大致相同。

新疆也受到了新构造运动的影响，自早第三纪以后，海水退尽，出现了帕米尔高原。自此，新疆始终保持着大陆的形式，海水再未进过新疆。由于新构造运动的影响，青藏高原海拔升到了5140多米的高度。帕米尔高原、天山、阿尔泰山也都相继隆起，塔里木盆地和准噶尔盆地变为封闭的内陆盆地，新疆真正成为欧亚大陆的腹地。由于大陆性增强及气候变干，塔里木盆地和准噶尔盆地中出现了成片的沙漠，现代自然景观开始形成。

既然新疆历史上有过漫长的海洋时期，那么从现在的情况看，新疆还有可能再成为海洋吗？地质学家指出，随着地球历史的演进，并不排除这种可能性。当然对人类来说，这个时期太过于漫长了。只有得到更多、更深刻的科学数据，人类才能充分地了解地球历史的变迁，也才能预见到它的陆海变迁规律。

如今新疆的沙滩戈壁，不仅是一座天然的古地中海博物馆，而且是一个巨大的昔日海洋的迷宫。我们的探索只是揭开了冰山一角，它将永远吸引着一代又一代的科学工作者对其进行探索。

神奇的麦田怪圈之谜

20世纪70年代末，英国威尔特郡的农民在成熟的玉米和小麦地里收割庄稼的时候，发现许多庄稼遭到了破坏。从高处看，很多庄稼倒伏，并呈现出有规则的和对称的圆圈现象。

经新闻媒体报道后，英国麦田的怪圈引起了很多人的兴趣，到威尔特郡考察观光的游人络绎不绝。但是，因为这种奇观仅仅在收获季节前的几周内出现，而且是在尚未收获的田地里，所以并不是每一个到威尔特郡的人都能看到这种奇观。科学家根据观察到的现象猜测，可能是一般小的台风导致了这一奇观。但后来却出现了包括三角形在内的其他几何图案，而小旋风的涡旋只能形成圆圈，因此这个谜团又笼罩上了一层迷雾。这个据说容易出现外星人削平庄稼的地方竟然成了旅游热点，农田主也趁机向前来参观的游客收取费用，发了一笔小财。但是这种奇异的现象到底是怎么发生的呢？热衷于此的人好奇不已。此后不久，在英国汉普郡天文台附近的麦田里，人们再次发现了两个图案。其中之一是一个如同电影里常常虚拟的外星人形象的脸形，另一个是人类在1974年11月向M13球状星云发射的信息修改后的图案。自此以后，每年都有麦田怪圈在世界各地被发现，并且地域逐年扩大，形状逐年复杂，数量也逐年增多。

2000年6月24日，一家名为"公众"的俄罗斯电视台播放了一组画面，显示发生在俄罗斯南部斯塔夫洛波尔地区的一块成熟的大麦田里的4个有规则的对称的圆圈，似乎有人以顺时针的方向把圆圈中的庄稼削平。这4个圆圈中最大的直径长达20米，其余3个的直径分别为3～5米。有一个深20厘米的土洞，位于最大的圆圈的中心处，洞面光滑。这块农田的主人在发现这些圆圈之后，把情况向斯塔夫洛波尔地区安全部门报告，并请他们来调查是哪个"流氓"破坏了他的庄稼。

△ 麦田怪圈

　　安全官员排除了是人力所为的可能，但是在现场也没有发现任何化学物质和辐射现象。这样，他们就猜测这个麦田怪圈是外星人造成的，而且推测"他们可能使用了与人类不同的起飞和着陆原理"。而当地的一些居民也声称，他们曾经看见了所谓的外星人降落。据说这些外星人从降落到重新起飞离去只用了几秒钟时间，那么外星人制造的那个深20厘米的土洞又是干什么用的呢？"公众"电视台将此解释为这是外星人用来"土壤取样"的。可是那个农田主对这种解释没有兴趣，他不明白外星人为什么偏偏对他的这块田地的土壤感兴趣，在这里取样，使他白白损失了好多庄稼。

　　在美国也出现过类似的麦田怪圈，2002年的一天，农场工人克里根正准备为大豆农田除虫刈草时，他发现在几英亩的大豆田里，出现了一个巨大而奇怪的几何图形，图形所在地的大豆秧苗不翼而飞，土壤平整得就好像那些地方从来没长过大豆一样。站在地面上，也许还不是很容易看得清"奇怪图形"的全貌，但是从高处看，可以很清楚地看到"奇怪图形"有一个圆心，围绕着圆心共有五道不规则的圆环，并且在最外圈的圆环上，伸出一个巨大的钩子，整个图形非常类似在英国农田里发现的麦田怪圈。

据不完全统计，全世界迄今已发现了2000多个形形色色的类似麦田圈的原野怪圈。它们之中多数是一些非常标准的圆、椭圆、同心圆，最大的圆直径竟达600米，最小的直径不足1米。怪圈中的庄稼多数只是弯倒而不折断，过一段时间植株仍会挺立起来。最不可思议的是，在植株挺立前，人和动物一旦走到怪圈中间，常常会感到浑身不适。不仅如此，在怪圈中，录音机、收音机等电子仪器往往会出现故障。

这些麦田怪圈究竟是如何形成的呢？这成了世界各国科学家和相关媒体关注的话题，并提出了各种推断和假说。大致可以分为两类：一种认为是大自然的杰作；一种则说是外星人所为。支持前种说法的大都是考古学家、气象学家、物理学家、地质学家、动物学家和农学家等。一些考古学家认为：可能在怪圈生成的地下埋藏有石器时代的圆形巨石建筑，或是青铜器时代的埋葬品呈圆形分布。这些地下的埋葬品和建筑可能影响到土壤结构，因而农作物也作出特定的反应。气象学家则提出：大气尘埃包含在陆地上生成的小型龙卷风中，在风的作用下，尘埃与空气剧烈摩擦产生静电荷。神秘的怪圈就是在带有静电荷的小型龙卷风的作用下产生的。一些地质学家提出了"球形闪电说"，认为球形闪电和其他因素即"等离子体旋流"共同形成了怪圈，此外太阳表面黑子活动增强亦与怪圈有一定关系。日本科学家声称，根据"球形闪电说"，他们在实验室里利用球形闪电设备已成功地模拟了怪圈现象。还有一些地质学家认为由地球核心发出的大地射线导致了怪圈这一奇怪现象，植物会因这种射线发生有规则的倒伏，动物和人也会因此而得病。动物学家则提出：动物发情求偶的季节一般在5～7月，雄性动物围绕雌性动物打圈，从而制造出怪圈，那些有在田间做窝习性的动物如刺猬和一些鸟类就可能有类似的创作。农学家则称：之所以出现怪圈的田地，是因为其土壤成分不一。霉菌病变及施肥分布的不均都有可能使农作物发生呈某种形状的倒伏，让人们误以为是一种奇异的现象。

除以上说法外，仍有许多人坚持认为这些出现在各地的麦田怪圈是天外来客——外星人留下的。当他们乘坐飞碟光临地球时，飞碟刚好降落在麦田，旋转的强烈气流造成了一个个怪圈。

发光湖和燃烧湖之谜

每当夜幕降临的时候，玻利维亚戈郁伯湖平静的湖面上，常常闪耀着密密的星光。这是天空里的星星辉映在湖水中的倒影吗？不是。

在乌云密布、一片漆黑的夜晚，这种闪闪的光亮更加清晰了。人们发现，湖里生活着一种星星鱼，背脊长着一条狭长而透明的壳膜，保护着里面的发光器。它发光时，要吸收大量氧气，当鱼儿浮出水面时，氧和荧光素化合而发出光来。星星鱼不时在水里上下浮沉，冷光此隐彼现地闪烁着，仿佛星星在眨眼。

真是无独有偶。巴哈马群岛上有个"火湖"也会发光。人们在湖上泛舟，船头和船舷旁会喷出鲜艳的"火光"，间或被桨声惊动跃出水面的鱼儿，也是粼光闪闪，仿佛佩戴着珠宝。船尾则拖着一条长长的"火龙"，仿佛湖水在燃烧似的。

这不是火湖在燃烧，而是这里生长着一种体长只有几微米的甲藻。它只要受到外界的扰动，如鱼游、船行或风吹，体内的荧光素由于氧化作用就会激发出光来。

多米尼加岛上有个沸湖，位于南部的山谷中，湖长不过90米，离湖边不远就深达90米。平时湖中无水，深深的湖底露出一个圆洞。当湖里布满水的时候，湖面热气腾腾，好像煮沸了的水那样，而且从湖底喷出一股高约3米的水柱来。散发出的气体里含有硫磺，湖的周围一片荒凉，寸草不生。

为什么湖水会沸腾呢？原来，沸湖是个火山口，沸湖也是个巨大的间歇喷泉。地下岩浆离地面较近，当地下水被加热后，就通过岩石的缝隙向地面喷出来，由于积聚了一定压力后才喷出，所以很壮观。

有趣的是，西伯利亚原始森林里的卡赫纳依达赫湖，附近没有火山，湖水也会燃烧和沸腾。这里湖岩陡峭，高达20米，尽是些烧焦了的煤渣黏土。

△ 卡赫纳依达赫湖

有一次,一个渔翁正在撒网捕鱼,突然发现湖水沸腾起来,接着冒出泡沫,一股蓝色火焰伴随着浓烟冲向天空,许许多多煤块从湖里抛到岸上,于是他慌忙奔进森林躲避。过了一会儿,他再次来到河边,只见湖面上漂浮着许多煮熟了的鱼。

是谁将湖水煮沸的呢?原来,2000多年前,这里的地煤层发生过燃烧,部分塌落成洼地,积水成湖。湖底裂缝中聚集大量的可燃气体,东窜西跑的地下火,重回到原来地方,引起燃烧,使湖水冒出热气,甚至使地层爆裂,这时烟火带着煤块一起冲向天空,于是水被煮沸了。

爱琴海真是从火山中诞生的吗

那是很久以前的事，发生在如今的爱琴海上。一个宁谧的夏日，吹着西北风，美丽的斯特朗海莱（圣多里尼）岛正沐浴在温煦的阳光中。这个位于克里特岛以北约70英里的海岛港湾里，泊满船只。岛上梯田式的葡萄园，结满累累的果实。岛中央的圣山上，许多人在泡温泉浴，山坡上热气蒸腾的裂隙旁，不少人在求神问卦。

这座海拔4900英尺的圣山忽然耸动起来，发出隆隆的响声，接着就在一次惊天动地的火山大爆发中炸开了。火雨终于停歇时，岛的中部崩塌成了一个大深坑，陷入海底。岛上的残留陆地，现今称为圣多里尼群岛，全都掩埋在火山灰里。

考古学上的证据早已显示，公元前15世纪前后，发生过一连串大灾难，实际上也就是因而诞生西方文明的地质剧变。不过，圣多里尼火山确实在此时爆发了吗，爆发的剧烈程度真的足以产生这巨大的后果吗？

1956年，雅典地震研究所的加拉诺坡罗斯教授无意中有一项发现。西拉岛是圣多里尼火山爆发后遗留的小岛之一，岛上有人拿矿场的火山灰去制造水泥。加拉诺坡罗斯教授在那个矿场的矿井底下，发现烧黑了的石屋遗迹，屋内有两块烧焦的木头和一男一女的牙齿。放射性碳测出，他们两人死于公元前1400年左右，正是公元前15世纪。覆盖在他们身上的火山灰厚达100英尺。由此可见，那次火山爆发也许真是有史以来最大的一次。

圣多里尼火山爆发到底有多猛烈呢？科学家拿1883年东印度群岛喀拉卡托那次火山爆发加以比较。那个火山岛底层爆裂，冷海水涌进与炽热的熔岩混在一起。膨胀的蒸汽和热气产生无法抵受的压力，终于把海拔1460尺的喀拉卡托山整个山顶炸掉，火柱冲上天空33英里高。喷出的岩块落到50英里外。灰尘环绕地球飞扬，持续了好几个月之久。爆发威力竭尽时，火山空壳崩塌下陷，在海里形成一个深达600英尺的火山口，引起破坏力极大的海啸。隆隆巨响使480英里外的房屋为之震动，约3000英里远的地方也隐约可闻。

地质学家说，圣多里尼那次火山爆发的过程也是一样，不过猛烈程度却大得多，据加拉诺坡罗斯教授估计，那次火山爆发放出的辐射能量，相当于几百颗氢弹同时爆炸的威力。整个岛残留的陆地掩埋在100英尺厚的炽热火山灰之下，火山灰随风飘散到广达8万平方英里地区，主要落在东南方，那里的海床现在还积着一层火山灰，厚度由几英寸到几英尺不等。

火山中空后，导致外壳崩塌，陷落海面下1200英尺深的岩浆房，造成巨大的火山口（破火山口），海水大量注入。随着引起海啸，估计在旋涡中心浪潮高达100英尺。怒涛巨浪以每小时200英里的速度向外冲去。一道一道近百英尺高的水墙接连冲击克里特岛海岸。不到3小时，吞噬了整个埃及三角洲，甚至还有余力淹没了叙利亚的古老港口乌加里。

上面所说的是圣多里尼火山爆发威力的粗略估计，其历史影响可能更加深远。

西方文明在美学、知识、民主等传统方面，无不源出于古希腊。然而圣多里尼火山爆发时，希腊本土居民还是铜器时代的部落民族。相形之下，迈诺斯文明已非常先进。迈诺斯文明是以克里特岛10来个城市为中心，而圣多里尼则位于边缘。迈诺斯人使用复杂的文字，有许多体育运动，如拳击、摔跤、跳牛等。参加跳牛比赛的人要跳越猛冲过来的牛角。迈诺斯人用抽水厕所，晓得把凉风引入屋内调节空气，还制作了许多精致的花瓶、装饰品和壁画。他们的使节和商船队遍布古代世界各地。

公元前15世纪末期，光芒四射的迈诺斯文明却在鼎盛时期突然消失了。考古发掘的结果显示，迈诺斯的城市全都在同一时期摧毁了，所有宏伟宫殿都破坏无遗，建造宫殿的大石块东歪西倒。

迈诺斯文明的湮没，从前一直是个谜团，有人说是由于闹革命，有人说是外族入侵的结果。最近才发现应归因于地质剧变。学者专家在哥伦比亚大学拉蒙特——多尔蒂地质研究所尼柯维奇和希增两位教授领导下，现已确信迈诺斯文明毁灭的原因是圣多里尼火山爆发。落下来的大量火山灰盖满克里特岛的肥沃山谷，摧毁全部庄稼，还使岛上农田几十年无法耕作。几乎整个

△ 美丽的爱琴海

迈诺斯民族就此灭亡了。

劫后余生寥寥无几。考古学上的证据显示，大多数生还者逃到克里特岛西部，从那里渡海北上，到达希腊沿海的迈西尼。希腊虽曾受海啸袭击，但当时吹的是西北风，所以逃过火山灰降落的灾难。

此后到公元前1400年左右，出现迈西尼文明的蓬勃发展，希腊有文字记载的历史就是从这时开始的。迈诺斯难民把拼音字母、艺术、箭术和各种体育运动传入希腊，还教希腊人制造金器，大概也帮助他们建造了代表迈西尼文化的陵墓和宫殿。

迈诺斯文明和那场火山浩劫的故事，包括阿特兰提斯的故事，在各种传奇中一直流传下来。

后来柏拉图记述那次灾变说，雅典立法人索隆在公元前59年访问埃及时，埃及祭师告诉他："古时，贵处住过一个有史以来最俊美、最高贵的民族，阁下和贵处全市居民不过是他们的后代或子遗而已。但是那里发生了剧烈的地震和洪水，下了一天一夜暴雨之后，你们那些骁勇善战的祖先都一齐沉入地下去了，阿特兰提斯岛也消失在海底。"

根据这段记述，阿特兰提斯是个海岛王国。传说中的面积是80万平方英里，大得地中海也容不下，因此柏拉图认为它位于"海克力斯之柱"（今日的直布罗陀海峡）以西的大洋里，大西洋就这样叫做"阿特兰提"。据柏拉图说，阿特兰提斯是在索隆以前9000年毁灭的。

考古学家指出，柏拉图的阿特兰提斯记述中，有许多事实上不可能的情况。加拉诺坡罗斯相信，柏拉图把代表"一百"的埃及数字称号误认作"一千"，因此等于把所有数字说大了10倍。如果去掉额外的一个零，那场浩劫就是在索隆以前900年发生——正是公元前15世纪，与圣多里尼火山爆发的年代恰好相合。阿特兰提斯的面积也因此应该是8万平方英里，与地中海东部诸岛的范围刚好吻合。加拉诺坡罗斯还指出，在接近克里特岛的希腊海岸，有两个岬角也叫做海克力斯之柱。

从柏拉图的描述来看，"阿特兰提斯王都"所在地，极似克里特岛上迈诺斯古城斐斯陶斯所在的平原。加拉诺坡罗斯说，柏拉图描述该王国供奉海神圣地的景象，如水汽氤氲、温泉处处、蛛网形水道等，"完全符合圣多里尼的特征、形状和面积。水道和港口的遗迹，甚至目前在海底火山口海床上仍依稀可辨。"这些类似之处已使至少一位历史学家认为："如此看来，阿特兰提斯之谜终于解开了。"

圣多里尼灾变的另一重大历史意义，是对埃及北部可能发生的影响。埃及北部在450英里外，当时有许多以色列人在那里充当奴工。历史学家早已注意到《圣经》上记载的"十大灾殃"和火山爆发所带来的各种灾难极为相似。火山周围的水域可能变成铁锈般殷红，鱼类可能中毒死亡，随着来的气象变异也常引起旋风、水患、红雨等。

十大灾殃也产生同样的现象。埃及的河海变得殷红似血，鱼类中毒死亡，青蛙登陆避逃。黑暗笼罩大地达3天之久，天空隆隆怒吼，降下火雹。强风带来蝗群，摧毁了残余的庄稼。腐尸和沼泽中孳生的蛆虫蚊蚋为人畜带来瘟疫。死神到处肆虐。

埃及的文献也证实了这场灾劫。有一卷古书记载说："整片大地消失不见了，太阳被遮蔽起来，黯然无光。"另一卷古书慨叹说："大地快点安静下来吧，混乱快点停止吧！城镇毁灭了……找不到花草果实……到处瘟疫盛行。"

被奴役的以色列人是不是就趁着这种混乱情况开始大迁移前往"应许之地"呢？有些研究《圣经》的学者举出《列王纪上》第六章第一节为证："以色列人出埃及地后四百八十年，所罗门做以色列王，第四年……"所罗门王在位的年代是公元前970年到公元前930年，那么以色列人逃出埃及的时间，刚好在圣多里尼火山爆发前后。

《圣经》上说法老王追击以色列人，还与他的军队一起在海里淹死。埃及的史籍也提到这件事。加拉诺坡罗斯认为，这场灾祸是圣多里尼火山锥落海时激起海啸造成的。火山锥可能在火山爆发后好几个星期才落入海中。加拉诺坡罗斯指出，希伯莱文"yamsuf"的意义可能是"红海"，也可能是"苇海"，还说许多学者相信《圣经》提到的海是苇海。根据他的考证，苇海就是雪波尼斯湖。这个湖在尼罗河与巴勒斯坦之间的西奈半岛北部，与地中海隔着一道狭长的沙地，湖水带咸味。他相信以色列人是趁着浪潮向爱琴海退走的空档，越过这座干燥的陆桥逃走，"水在他们的左右"，而埃及人恰在海啸巨浪卷回来时被淹。时间相隔应该是20分钟左右。

这一些有关"出埃及记"的说法，基础比迈诺斯文明湮没与阿特兰提斯王国失落的说法更脆弱。不过，这些事情发生的时间实在太接近了，不能归诸纯属巧合。这几件大事好像拼图游戏的残缺组件互相凑合起来一样。科学家和历史学家现今正在努力找寻散失的组件，希望借此证明一个论点：西方文明的确是在3500年前的一个夏日，从爱琴海一次火山爆发的烈焰与灰烬中诞生出来的。

红海扩张之谜

　　红海位于非洲东北部与阿拉伯半岛之间，形状狭长，从西北到东南长1900多公里，最大宽度为306公里，面积45万平方公里。是连接地中海与阿拉伯的重要通道。近年来这条运输通道却一直在不断扩张，这引起了许多科学家极大的研究兴趣。红海扩张之谜的考察给我们带来了更多的关于海洋新的研究课题，使我们进一步发现、了解了海洋许多不为人知的秘密。

　　红海清澈碧蓝的海水下面，生长着五颜六色的珊瑚和稀有的海洋生物。远处层林尽染，连绵的山峦与海岸遥相呼应，它们之间是适宜露营的宽阔平原，这些鬼斧神工的自然景观和冬夏宜人的气候让人陶醉。但是，红海近些年来一直在不断扩张。

　　1978年11月14日，北美的阿尔杜卡巴火山突然喷发，浓烟滚滚，溢出了大量熔岩。一个星期以后，人们经过测量发现，遥遥相对的阿拉伯半岛与非洲大陆之间的距离增加了1米，也就是说红海在7天中又扩大了1米。

　　红海是个奇特的海。它不仅在缓慢地扩张着，而且有几处水温特别高，达50多摄氏度；红海海底又蕴藏着特别丰富的高品位金属矿床。

　　那么红海为何会扩张，有的地方温度为什么会这么高？这些问题构成了红海之谜。

　　海洋地质学家研究后认为红海海底有着一系列"热洞"。在对全世界海洋洋底经过详细测量之后，科学家发现大洋洋底像陆上一样有高山深谷，起伏不平。从大洋洋底地形图看，我们可以看到有一条长75000多公里，宽960多公里的巨大山系纵贯全球大洋，科学家把这条海底山系称做"大洋中脊"。狭长的红海正被大洋中脊穿过。沿着大洋中脊的顶部，还分布着一条纵向的断裂带，裂谷宽约13～48千米，窄的也有900～1200米。科学家通过水文测量还发现，在裂谷中部附近的海水温度特别高，好像底下有座锅炉在不断地燃烧，人们形象地称它为"热洞"。科学家认为，正是热洞中不断涌出的地幔物质加热了海水，生成了矿藏，推挤着洋底不断向两边扩张。

还有的科学家们研究认为，在距今约4000万年前，地球上根本没有红海，后来在今天非洲和阿拉伯两个大陆隆起部分轴部的岩石基底发生了地壳张裂。当时有一部分海水乘机进入，使裂缝处成为一个封闭的浅海。在大陆裂谷形成的同时，海底发生扩张，熔岩上涌到地表，不断产生新的海洋地壳，古老的大陆岩石基底则被逐渐推向两侧。后来，由于强烈的蒸发作用，使得这里的海水又慢慢地干涸了，蒸发岩被沉积下来，形成了现在红海的主海槽。到了距今约300万年时，红海的沉积环境突然发生改变，海水再次进入红海。红海海底沿主海槽轴部裂开，形成轴海槽，并沿着轴海槽进行缓慢地海底扩张。

1974年，法美开始联合执行大洋中部水下研究计划。考察计划的第一个目标就是到类似红海海底的亚速尔群岛西南的124公里的大西洋中的脊裂谷带去考察。

经过考察，科学家把海底扩张形象地比作两端拉长的一块软糖，那个被越拉越薄的地方，成了中间低洼区，最后破裂，而岩浆就从这里喷出，并把海底向两边推开。海底就这样慢慢地扩张着。根据美国"双子星"号宇宙飞船测量，我们已经知道了红海的扩张速度是每年2厘米。

今天的红海可能是一个正处于萌芽时期的海洋，一个正在积极扩张的海洋。1978年，在红海阿发尔地区发生的一次火山爆发，使红海南端在短时间内加宽了100厘米，就是一个很好的例证。如果按目前平均每年2厘米的速度扩张的话，再过几亿年，红海就可能发展成为像今天大西洋一样浩瀚的大洋。

陆地上为什么也有"百慕大三角"

大西洋有一个"百慕大三角",飞机、舰船常在这一带海域神秘失踪。殊不知陆地上也有一个"百慕大三角",那就是波兰首都华沙附近的一个三角形的公路中心,在这里发生的车祸不计其数。经过无数次检验,这里发生的车祸,都不是路况、车况、气候有什么问题,也不是驾驶员酒后开车的原因,这里似乎不具备致祸的主、客观条件。明明是风和日丽的日子,视线极佳,司机精神抖擞地开车前行。可是,一入"三角"路段,人就会不由自主地精神恍惚,头昏脑涨,心神不宁,全身乏力,随后就失去了自控能力。

更奇怪的是,某些动植物也忌讳或特别喜爱这块"三角地"。例如,枫树、榛树、柳树、常春藤等在这里生长得特别快;而杜鹃花、棕榈等却厌恶这个地方;苹果、杏、樱桃等果树竟会生斑枯萎,甚至只开花不结果。猫、蛇、蚂蚁、猫头鹰在这里生活得很好,蜂蜜的产量比别处高1/3;然而,鹳从不在这里筑窝繁殖;猪、狗等动物也不愿在这里逗留;这儿割的草送到奶牛嘴边,奶牛竟会拒食。

这个"三角地"里到底是什么在作怪呢?有人说,这是地下水脉在作怪。这里地下有重叠交叉、大大小小的地下河流组成的流水网,地下水脉的辐射量比宇宙射线要强好几倍,司机开车经过此地,因受到辐射而失去自控能力。而有的司机经得起这种辐射,因此安然无事。这种说法是否正确呢?还有待进一步证实。

海绵地为什么这样神奇

以竹海闻名的我国四川省长宁县，有一片神奇的海绵地。当你踏上这片土地，就好像下面垫了弹簧，悠悠晃荡，好不舒服，即使轻手轻脚，舒行款步，那地也会微微晃动。若是性急恐惧，试图一跃而过，那就越跑越颠，甚至有没顶之感。那

△ 四川省长宁县喀斯特地貌

土地就像海浪起伏，颤动波扩散至几百米远。不明底细的外乡人经过这里，不是吓出一身虚汗，就是只得匍匐着爬过去。

这片神奇的土地位于富兴乡十里村一条峡谷口的洼地里，长约2000米，宽约500米。土壤黝黑绵软，人们祖祖辈辈在上面耕耘，不仅玉米、黄豆的产量比别的地方高，而且保水保肥，旱涝保收。地从未沉实，人也从未隐没，弹性历久不衰。有好事者曾掘地探秘，挖了半天仍是泥土，与表层的土壤毫无两样。当地人叫它"烂海子"，这不禁使人联想起红军长征途中的川西草地。那草地也是踩地如履海绵，但它上面有草有积水，一不小心就会踩空，没顶身亡，而且草地的面积比长宁海绵地大得多，没有一两天工夫休想通过。

有人设想，这块海绵地可能是古沼泽的遗迹，在它的地下深处有地下水浸润的厚层烂泥。至于形成海绵地的真正原因是什么，至今没有人能够说清楚。

永不沉没的死海之谜

举世闻名的死海位于亚洲西部的阿拉伯半岛的巴勒斯坦与约旦、以色列之间，地处约旦和巴勒斯坦之间的南北走向的大型谷地带中段。南北长80千米，东西宽5～18千米，面积为1045平方千米。虽然以海称之，但是实际上只是一个著名的咸水湖。死海不容人游泳其中，却让人漂浮其上，不会游泳的人尽可以放心地仰卧水面，放松四肢，随波逐流。所以流传着"死海不死"的说法。死海的浮力主要来自于其自身含量极高的矿物质。

死海水是矿物质成分最丰富的水，尤其是溴、镁、钾、碘等含量极高。大多数海水只含有3%的矿物质，而死海却有33%之多。自古以来，死海水的医疗保健功效为人所知。据说，公元前51年至公元前30年，统治埃及的女王克娄巴特拉就曾用死海水疗伤。古希腊哲学家亚里士多德也曾在他的著作中述及过死海水的功用。

死海的水是世界含盐量最高的水体。在希伯来语中，死海叫做"盐海"。其水体的含盐量高达25～30%，而地中海的海水含盐量才只有3.5%。在盐分如此多的水域中，除个别的微生物外，没有任何的动植物可以生存，所以这是它被称为死海的一个重要原因。每当洪水把约旦河和其他溪流中的生物冲入死海中后，因为含盐量太高以及水中严重缺乏氧气，这些生物都会立即死去。所以死海经常散发出死鱼的腥气，水鸟也无法在这里栖息生存。死海的岸边岩石上披上了一层盐，像玉石一样。只有少数的喜盐植物断断续续、零零星星地散长在岸边，为这里增添了几许生机。

死海上空的空气是地球上最干燥、最纯净的，氧气的浓度也是世界上最高的，比海面上的含氧量高10%，加上死海有许多用于镇静剂的溴，人们一到这里便感到全身放松，容光焕发。此外，死海地区的紫外线长波的浓度比世界上其他地区都要高，而紫外线长波是治疗牛皮癣的良药。

△ 人们在死海中看报

　　神秘莫测的死海有着很多的不可思议之处：1. 它低于海平面400米，是世界的最低点；2. 它的水最深处是400米；3. 死海水所含的各种矿物质达400亿吨；4. 据说，死海底有大约400米厚的盐的沉积层。

　　到目前为止，人类对死海的了解可以说是知之甚少，需要解开的谜团实在是太多了，不过可以确定的是，我们在不断地了解它，不断地揭开其神秘面纱。

古怪的鄱阳湖水域之谜

在庐山脚下，有一片浩浩荡荡、一望无际的水域，这就是中国第一大淡水湖，世界最大的白鹤珍禽栖息地——鄱阳湖。它地处长江下游的南岸，江西省的北部、九江与南昌之间，南北长170千米，东西最宽处达70千米，面积为3583平方千米，海拔21米，平均水深7米，最深处16米左右，蓄水量248.9亿立方米。古时侯鄱阳湖被称做"彭蠡"，相传是仙人彭蠡用宝葫芦变化而成。用宝葫芦来形容鄱阳湖可谓神形兼备，鄱阳湖不仅形状酷似葫芦，而且承纳赣江、抚河、信江、修水和鄱江五河之水，北往长江，功能也宛如一只巨大的宝葫芦，可吞河水，调节洪枯。

历史上，鄱阳湖是非常显著的军事要地。在鄱阳湖的入江处，有一个名副其实的县——湖口。湖口襟带江、湖，地势险要，因而湖口和湖口所连的鄱阳湖——长江一带成为历代兵家必争之地。元末，农民大起义时，陈友谅和朱元璋为兼并对方，在鄱阳湖展开决战；在太平天国革命中，湖口和鄱阳湖曾是太平军的重要战场。1855年，太平军与曾国藩的湘军会战湖口，取得"湖口大捷"；1911年，武昌新军起义，拉开了辛亥革命的序幕，而鄱阳湖流域则是最早响应的地区。

鄱阳湖是中国大地上的一颗明珠，同时也是名副其实的"鱼米之乡"。朗日晴空，天高云淡之际，鄱阳湖碧水连天，排筏绵绵，宛如游龙。鄱阳湖是赣城的天然水运枢纽。它水域宽广，浩浩荡荡，有着大海般的雄美与壮阔。"茫茫彭蠡春天地，白浪卷风湿天际"说的正是如此。每当鱼汛季节，千帆竞发破巨浪，成网收拢鱼满舱，处处一派繁忙喜悦景象。众多的湖港、湖汊不仅是鱼类产卵的良好场所，亦是天鹅、野鸭、白鹅等生物的栖息之所。然而，这些仅仅是鄱阳湖的表象，真正让人感到神秘和奇怪的是发生在老爷庙水域的离奇事件。

鄱阳湖北部，在星子、永修、都昌三县之间，有一片略呈三角形的水域，因为这片水面东岸有一座老爷庙，人们就称它为"老爷庙水域"。这里经常发生沉船和其他的古怪事件，渔民、船工们经常被湖水吞噬。建国后，虽然航运条件有了极大的改善，但沉船事故仍时有发生。仅从20世纪60年代到80年代的20年间，这里就沉没了大小船只几百艘。谁也不知道究竟是什么力量让这里变成人人谈之色变的"鬼门关"。20世纪70年代中期，有人在黄昏时，目睹鄱阳湖西部地区天空中有一块呈圆盘状的发光体在游动，长达八九分钟之久。当地曾将此情况报告给上级有关部门，但有关部门并未作出合理的解释。

有人猜测是"飞碟"降临了老爷庙水域，像幽灵般在湖底运动，导致沉船不断。问题似乎变得越来越让人不可捉摸。然而，谜底究竟是什么，湖水底下到底有何种鬼蜮出没？已成为亟待解开的谜团。

为了解开老爷庙水域神秘沉船之谜，江西省气象科研人员组成了专门的科研小组，在老爷庙附近设立了三座气象观测站，对该水域的气象进行了为期1年的观测研究。从搜集到的20多万个原始气象数据看，老爷庙水域是鄱阳湖的一个少有的大风区。全年平均2天中就有一天属大风日，也就是说每2天就有一天风力达到6级。那么，老爷庙水域的大风何以如此之大，且持续时间如此之长呢？

经科学调查证明，风景秀丽的庐山却充当了制造大风的"罪魁祸首"。老爷庙水域最宽处为15千米，最窄处仅有3千米。而这3千米的水面就位于老爷庙附近。在这条全长24千米水域的西北面，傲然耸立着"奇秀甲天下"的庐山。庐山海拔1400多米，其走向与老爷庙北部的湖口水道平行，离鄱阳湖平均距离仅5千米。庐山东南峰峦为风速加快提供了天然条件。当气流自北面南下时，庐山的东南面峰峦使气流受到压缩。根据流体力学原理，气流的加速由此开始，当流向仅宽约3千米的老爷庙时，风速达到最大值，狂风怒吼着扑来，就如同我们在空旷的地带没有感觉，而经过一条狭窄的小巷顿感风阵阵吹来一样，"狭管效应"的结果加快了风速。

老爷庙水域的谜团可以说已经基本上解开了，似乎又未完全解开。因为这里面所涉及水域底部的地形状态等依然无人去观测，这一切，有待今后继续探究。

神奇的无底洞之谜

　　地球上是否真的存在"无底洞"？我们都知道地球是圆的，由地壳、地幔和地核三层组成，真正的"无底洞"应是不存在的，我们所看到的各种山洞、裂口、裂缝甚至火山口也都只是地壳浅部的一种现象。然而事实上地球上确实存在着"无底洞"，而且还不止一个。

　　在希腊亚各斯古城的海滨有一个无底洞，它靠着大海，每当海水涨潮的时候，汹涌的海水就会排山倒海般往洞里边流去，形成了一股特别的急流。估计每天流入洞中的海水大约有3万吨，但却不能把这个无底洞填满。曾有人怀疑，这个"无底洞"，就像石灰岩地区的漏斗、竖井、落水洞一类的地形。为了揭开秘密，1959年，美国地理学会派出一支考察队，他们把一种经久不变的深色染料溶解在海水中，观察染料是如何随着海水一起沉下去的。接着又察看了附近海面以及岛屿上的各条河、湖，满怀希望地去寻找这种带颜色的水，结果令人失望，他们一无所获。几年后，他们制造了一种浅玫瑰色的塑料小粒。这是一种比水略轻、能浮在水中，又不会被水溶解的塑料粒子。他们把1300千克重的这种特殊小粒统统掷到洞中，他们设想，只要小粒在另外的地方冒出来，就可以找到"无底洞"的出口了。然而，在发动了数以百计的人，在各地水域整整搜寻了1年多以后，结果让他们很失望。

　　无独有偶，在我国内蒙古自治区兴安盟阿尔山市东南35千米处同样发现了无底洞。据说，此洞每年冬季喷云吐雾，人们畏之如神。亿万年来，虽经风风雨雨，地壳多次变迁，但这一天然石洞依然原貌犹存，向人间展现远古的幽秘，也吸引着许多人前来探险。近年来，当地地质队又多次到此洞探测。探测中发现，在洞深1000多米处有一侧洞，洞内栖息着两条巨蟒。在距"蟒洞"东北处2000余米的一座山峰中段，又有一洞口出露，在此洞内约300余米，又形成9个粗细不等的洞穴，洞洞相通，凉气森森，人称"九连洞"，

△ 鹿洞被认为是世界上最大的洞穴通道

冬季从洞中常常冒出浓浓烟雾，使"无底洞"周围的树木形成美丽的雾凇。

不只是在陆地，在海洋上同样也存在着无底洞。

印度洋"无底洞"位于印度洋北部海域，准确位置是北纬5°13′，东经69°27′，半径3海里。这里的洋流属于典型的季风洋流，受热带季风影响，一年有两次流向相反变化的洋流。夏季盛行西南季风，海水由西向东顺时针流动；冬季则刚好相反。"无底洞"（又称"死海"或"黑洞"）海域则不受这些变化的影响，几乎呈无洋流的静止状态。1992年8月，装备有先进探测仪器的澳大利亚哥伦布号科学考察船在印度洋北部海域进行科学考察，科学家认为"无底洞"可能是个尚未认识的海洋"黑洞"。他们还在"无底洞"及其附近探测到7艘失事的船只。根据海水振动频率低且波长较长来看，"黑洞"可能存在着一个由中心向外辐射的巨大引力场，但这还有待于进一步考察。

"无底洞"之谜直到现在还是无人能解，唯有把希望寄托于科学的发展以及人类的不断进步了。

离奇的杀人湖之谜

　　湖也会杀人？这是许多人心中的疑问，实际上这样的灾难已经发生过了。

　　在喀麦隆有30多个高原湖泊，其中数尼尔斯湖最为著名，它有一个令人谈之色变的绰号——杀人湖。1986年8月21日，一场暴雨即将来临，尼尔斯湖在暗淡的星光下波浪荡漾。突然，一股巨大的气柱从尼尔斯湖中升起，就像神话般，继而弥漫开来。烟云流泻到山谷低处，那里的村庄被邪恶之云所覆盖，近2000人死于毒气中。这起罕见的自然灾难令科学家们迷惑不解：从湖中喷出的到底是什么气体？

　　美国一些科学家认为，多年来，二氧化碳从地球深部的熔岩中释放出，渐渐溶入湖底深层。由于湖水的压力，气体不易上升到湖面。经过漫长的岁月，深水层的二氧化碳渐渐上升，并且因受到某种激发而迅速涌向湖面，10亿立方米的毒气像"囚禁在小瓶中的魔鬼"一样被放了出来，因而在瞬间酿成了一场灾难，即毒气喷发致使近2000人死亡。那么，到底是什么原因诱使灾难出现的呢？科学家们认为大约有下面几种可能性：1. 滑坡；2. 地震；3. 飓风和暴雨；4. 湖水各层间温度的骤变。

　　然而，尼尔斯湖并非是唯一的"杀人湖"，甚至也不算是一个"杀人狂"。真正的"重磅炸弹"是卢旺达的基乌湖，它也是非洲最大最深的湖之一，比尼尔斯湖大2000倍，生活在湖岸的人口也要多得多。更让人担忧的是，那里的人们根本不相信自己正生活在"杀人凶手"的阴影中，每天照样在湖边温泉中洗浴。他们同样不相信，这些有趣的泡泡正是可能要他们命的二氧化碳。这些天然的澡堂温泉正在把基乌湖"训练"成一个可怕的"杀手"。

　　除了二氧化碳之外，基乌湖还"盛产"另一种致命气体——更具有爆

△ 尼尔斯湖

炸性的甲烷。从20世纪80年代起，当地一家啤酒厂一直从湖中抽取甲烷以酿酒，当局也急于以更大规模来开发基乌湖中的甲烷。直到最近，卢旺达人都认为这样的开发是一件大好事，因为他们能借此得到廉价的电力。但科学家们却担心，基乌湖一旦爆发，不仅将释放致命的二氧化碳，而且可能引起甲烷爆炸。虽然基乌湖底目前的二氧化碳浓度比尼尔斯湖底低，也就是说，看来基乌湖是安全的，但有证据表明，基乌湖过去曾爆发过多次。

无独有偶，在意大利西西里岛上也有一个面积不大的死亡之湖。湖中无任何生物生存，连偶尔失足掉进湖里的动物也会被湖水杀死，真是名副其实的死亡之湖。据科学考察发现，这个死亡之湖的湖底有两个奇怪的泉眼，终年不断地向湖中喷出腐蚀性很强的酸性泉水，使得湖水变成强酸性水，任何生物一跌进湖里都会丢命。

灾难总是在发生，诱发灾难的原因也不尽相同，我们只能希望这样的"杀人湖"还是少一些的好。

移动的小岛之谜

小岛可以移动吗？如果不会移动，为什么明明在海图上清楚表明位置的小岛却能忽然间失踪呢？

1804年，有几个猎人驾驶一艘船到南太平洋去捕捉海狮。行驶中，他们发现一个小岛，那上边有数不清的海狮。为了记住这个小岛，他们就在海图上仔细地标明了它的位置。之后，另一伙捕捉海狮的猎人用高价弄到了那张海图，当他们行驶到那里时却发现小岛已经消失了。1841年，有一个叫多尔蒂的捕鲸船的船长路过这里，又发现了小岛，多尔蒂船长听说过这个小岛的事情，赶紧用"多尔蒂岛"的名字标在海图上。1889年，有一伙猎人听说"多尔蒂岛"又出现了，而且岛上的海狮还是那样多，就乘坐两艘狩猎船到了那里。可是，他们却重蹈覆辙了。4年以后，当一艘船只从这里经过的时候，那个"多尔蒂岛"竟然又奇迹般地出现了。1904年，有个叫斯科特的英国探险家乘着船只到南极去探险。他听了"多尔蒂岛"的故事以后，特别想解开"多尔蒂岛"的谜团，就决定先到"多尔蒂岛"去看一看，仔细地考察一番。没想到，斯科特费了很大周折来到那里，"多尔蒂岛"又神秘地失踪了，并且从此以后人们再也没有看见过"多尔蒂岛"。可是，在海图上标明"多尔蒂岛"附近的地方，却新出现了一个叫"布维岛"的岛屿，它归挪威所有。

1742年，英国奥顿船长驾驶着一艘船在大西洋海面上航行。当他们航行到离英国本土800海里的时候，发现了一个无名小岛，奥顿船长在海图上标出了它的准确位置，还用自己的名字给它起了一个岛名：奥顿岛。然而，等别的船队赶到奥顿船长说的那个地方的时候，什么也没有了。

这种时隐时现的小岛究竟是从何而来，又因何而去呢？多数地质学家把小岛的成因归结于海底火山喷发作用。在海洋的底部，有许多活火山。

△ 真的有移动的小岛吗

当这些火山喷发时，喷出来的碎屑物质和熔岩在海底冷却、凝固、堆积起来，随着喷发物质不断增多，堆积物多得高出海面的时候，就生成了一个新的岛屿。

至于小岛的消失，有的学者归因于火山岩浆喷出形成的熔岩未能形成与海底基岩坚固连接的基底，新岛屿抵抗不了海流的不断冲刷，从而自根部折断，最后消失了；有的学者归因于岛屿形成后，再发生的一次海底猛烈爆炸摧毁了小岛；还有学者认为是火山活动造成同一地点地壳下沉，于是小岛陷落了……多种假设各有各的道理，但它们都不能说明这类小岛怎么会一而再、再而三地在同一地点突现、消失，再突现、再消失，而在其邻近海域，却没有发生强烈的地震、海啸和湍流。这些现象始终困扰着无数科学家。

是谁在肯尼亚草原坚起了19根巨石柱

在非洲肯尼亚共和国北部，图尔卡纳湖以西，有一片广阔的荒原，在荒原上屹立着19根石柱。

每根石柱的长短和大小各不相同，插入地下的角度也各不相同。石柱之间的间隔很小，一般距离不超过1米。石柱上刻有许多奇形怪状的花纹、左右对称的图案，其中有毒蛇和鳄鱼等动物形象，较多的是酷似字母"E"的图形，19根石柱全都向北倾斜。当地居民图尔卡纳族人，把荒原石柱称为"纳穆拉图恩加"，意为"变成了石头的人"。

为什么会有这个名称呢？其实，它来源于一段古老的传说：在遥远的古代，有19个人因触犯了天条，因而受到天神的惩罚，使他们变成了19根石柱，永远站立在荒原上，仰望着天空，祈求天神的怜悯和恩赐。直到现在，图尔卡纳族人还在石柱顶上用长石块堆成小金字塔形的锥体物，向天神诚心祭拜。

除了神话故事，这19根石柱到底有没有其他作用呢？经过许多学者的长期调查研究，得出了这样的结论：这19根石柱，是2000多年前古人特意建造的一座石头天文台。用放射性C_{14}的分析法测定，这座石头天文台年龄为2285年左右。由此可知，这19根石柱是公元前300年左右竖立起来的。石柱之间连接成的几何线条可以确定天空中一些星座的位置。西侧的第5号和第18号石柱，是观察天空中星座的基本石柱，观察者站在它们的背后，就能经过其他石柱的顶端画出一条条线，指明星座出现的空间位置和这些星座在天空中移动的踪迹。这种观察，能达到精确的程度。

在这19根石柱中，最高的是第11号石柱，最短的是第19号石柱，但似乎没有任何一根线要通过这两根石柱的顶端向天空延伸，这两根石柱组成的线条不指向任何一颗星座。究竟第11号和第19号石柱的作用是什么呢？

△ 图尔卡纳湖国家公园

　　另外，石柱上所刻的花纹图案究竟代表什么呢？例如，石柱上所刻酷似字母"E"的图形。据调查，在肯尼亚共和国的蒙特·包尔山山麓居住的莱恩基列族人自古至今盛行这样一种风俗习惯：人们爱用小刀或其他锋利的器具在自己的手上划三个"E"字形的伤口，然后在伤口上搽上盐。待伤口愈合后，"E"形的伤疤就更加凸出显眼，永不消失。他们还爱在家畜身上盖上"E"字形图案作为标记。究竟石柱上所刻的"E"字图形与莱恩基列族人在自己手上所划的和在家畜身上所盖的"E"字图形之间有什么联系呢？

　　这19根石柱上的奥秘，还有待科学家们进一步探索。

怪洞为什么夏天结冰

　　1993年，旅游专家在我国三峡地区发现了一个奇异的"夏冰洞"。这个怪洞坐落在万州市巫溪红池坝草场东面的一个大山口处。洞的进口处是一个宽敞的"大厅"，大厅深处呈斜坡状，越往下越深，洞底与洞顶间距约15米，奇异现象就发生在洞底。洞底遍布灰黑的岩石，冰凌镶嵌其间，洞壁或为冰瀑布覆盖，或有冰柱倚立于前。洞的尽头有一柱直径约1米、长约5米的巨大冰凌，更令人诧异的是，此巨冰竟然夏生冬消。据说，只要红池坝气温在15℃以下，则无论冬夏，洞内均不结冰；但若坝上气温超过15℃，则气温越高，结冰越多。因此此洞被称为"夏冰洞"。

　　这个怪洞为什么会冷热颠倒呢？

　　一些学者认为，这类岩洞的地下很可能有着庞大的储气结构和特殊的地温层；也有学者认为，这是因为洞里有着强大的空气对流及气体磁场；还有学者认为，这种岩洞的地下很有可能存在着寒热两条储气带，两者同时向外释放气流，由于冷热空气的轻重不同，所以在炎炎盛夏，重的冷气会积聚在地表。简单地说，夏冰洞其实就像一台大冰箱。这种洞内有着许多类似冰箱内压缩制冷机的小洞，当这些洞一个个互相串联时，就有可能产生连续的压缩制冷变化，从而将空气温度降到冰点附近。当洞外气温越高时，与洞内空气交换时产生的水蒸气也就越充足。这就是夏冰洞夏季气温越高，结的冰层越厚的原因。

1998年世纪大洪水之谜

　　长江不仅是我国也是亚洲第一长河，还是世界第三长河，它全长6300千米，流经11个省级行政区，是中华古老文明的发源地之一，也是中国人类居住时间最长的地区之一。它哺育了无数华夏儿女，但是为何从20世纪以来，长江流域就不断发生重大洪水灾害呢？是什么让它变得如此疯狂呢？

　　1931年8月，长江发生重大洪水灾害，由于当年7月份的长江流域降水量超过往年同期的1倍以上，致使长江河流水位上涨。8月，金沙江、岷江、嘉陵江均发生大洪水。沿江堤防多处溃决，淹没7省205县，受灾人口达2860万，中下游淹没农田333万多公顷，淹死14.5万人。其中两湖灾情最重，湖北70个县中就有50个县受灾。随之而来的饥饿、瘟疫致使300万人惨死。使得整个江汉平原一片汪洋，洪水浸泡达3个月之久。而号称母亲河的黄河流经中国北部，其流程的最后1/4地段是地势较低的肥沃平原，水面高于地面，经常酿成水患，给下游两岸造成生命财产的损失。在中国，死亡人数超过10万的水灾多数发生在暖温带和亚热带地区，因此黄河有时被称为"中国的忧患"。但是20世纪以来，一直相对平和的长江也发生了数次灾害，这与自然生态平衡遭到破坏不无关系。

　　1954年，长江中下游、淮河流域发生百年罕见的特大洪水。宜昌站最大洪峰流量为每秒66800立方米，7月至8月洪水总量为2448亿立方米，均大于1931年的大洪水。武汉关最大洪峰流量为每秒76100立方米，水位达到29.73米，比1931年水位28.28米高出1.45米。各主要控制站高出警戒水位的时间长达49～135天。造成洪泽湖水位猛涨，旧三河漫溢，白马湖决口，下游海潮托顶，使得淮安、淮阴、泗阳3个县18个区8.7万公顷农田全部沉入水底。8月17日，南京长江水位高达10多米，全省灾民达到720万，损失粮食12.4亿千克。经过人民的全力抢险，终于战胜这场洪水，主要河湖堤防安全无恙。

1998年的世纪洪水有29个省受灾，受灾面积0.21亿公顷，成灾面积约0.13亿公顷，受灾人口2.23亿人，死亡3004人，倒塌房屋497万间，直接经济损失达1666亿元。自当年6月份起，长江流域先后出现3次持续大范围强降雨过程。第一次，是6月12日至27日，江南大部分地区暴雨频繁，江西、湖南、安徽等地区降雨量比常年同期多出1倍以上，江西北部降雨量比往年多出2倍以上；第二次是7月4日至25日，长江三峡地区、江西中北部、湖南西北部和其他沿长江地区，降雨量比常年同期偏多5成至2倍；第三次是7月末至8月末，长江上游、汉水流域、四川东部、重庆、湖北西南部、湖南西北部降雨量比常年偏多2～3倍。受降雨影响，长江发生了自1954年以来第二次全流域大洪水。7月份，长江中下游主要监测站的洪量都超过1954年，其中宜昌站1215亿立方米，比1954年多45亿立方米；汉口站1648亿立方米，比1954年多120亿立方米。这场洪水一泻千里，几乎造成长江全流域泛滥。再加上东北的松花江、嫩江泛滥，全国有20多个省、市、自治区都遭受了这场无妄之灾。那么，1998年为何会发生如此罕见的洪水呢？且据有关资料显示，1998年和1954年相比洪水来量要少得多，大约少了500多亿立方米，但1998年的长江干流洪水水位，除宜昌、武汉、沙市外都高于1954年的洪水水位，这是为什么？

有人将其归结于人为原因：认为洪水发生的主要原因是长江上游乱砍乱伐森林，造成水土流失；中下游围湖造田、乱占河道带来的直接后果。据统计，长江流域约有4亿人口居住，20世纪50年代中期，长江上游森林覆盖率为22%，但是由于人们不断地开垦农田，建造工厂等，使这22%的森林几乎全都被毁。四川省190多个县中，森林覆盖面积超过30%以上的县只有12个，甚至有些县的森林覆盖率还不到3%，也因此长江流域每年水土流失达到24亿吨，长江的河床也就日益变高，成为黄河以后的又一条"悬河"，这也是1998年洪水水位比1954年高的原因。同时，还使长江中下游有蓄洪功能的湖泊迅速地萎缩，洞庭湖水域面积从1949年的4350平方千米缩减到2145平方千米，鄱阳湖在40年间缩小了1/5，还有数百个中小湖泊已经永远地从地图上消失了，使得洪水在爆发后再无阻挡，也再没有能减弱其速度与水量之物。

也有人说1998的洪水发生的主要原因是气候异常，雨水过大。因为自6月份起，长江流域出现了3次持续大范围的降雨过程。7月份长江中下游水文站的洪水量超过1954年，其中宜昌站1215亿立方米，比1954年多45亿立方米；汉口站1648亿立方米，比1954年多120亿立方米。长江洪水主要发生在中游的江汉平原一带。这里地势低洼，河道弯曲，排洪不畅，又是多路来水汇合的地方，如果各支流同时发生洪水，在这里相遇，必然酿成长江特大洪水灾害。其中最关键性的还是部分蓄洪量比1954年要减少了很多。根据资料1998年的洪水来量约为100亿立方米。而1954年洪水的安全蓄洪量约400多亿立方米，显示1998年蓄洪总量约为100亿立方米，其中有效蓄洪量估计才50多亿立方米。

另外，有专家认为1998年的洪水肆虐与1997年爆发的百年来最强的厄尔尼诺现象有着密切的关联，厄尔尼诺的强大暖湿空气带来了强降水，造成长江流域洪峰不断。紧随着厄尔尼诺之后的拉尼娜现象，又使应当按期北移的副热带高压突然杀了个"回马枪"，使一度相对缓解的长江干流汛情再度紧张起来，以致长江全线告急。

而长江洪水泛滥与全球变暖之间的关系也让专家们很是担心，如果大气中的二氧化碳浓度增加1倍的话，地球上的降水量将增加3~5%，那么洪水灾害就有扩大的态势。

长江流域发生过的特大洪水都在向我们发出警告：如果长江流域的生态环境继续恶化，它将随时可能会给人们带来更大的灾难。而如何保持生态平衡，减少长江流域的洪水，将是我们以及后代肩负起的重要历史使命。

地震是如何产生的

也许在人类有文字记载以来，就有对地震的记载。有人说地震是和地球相伴而生的，地震是地球的呼吸，但却也给人类带来毁灭性的灾难。那么，地震究竟是如何产生的呢？

一些科学家认为地震是由于地球体积不断增大引起的，他们解释说，地球最初的直径只有现在的55～60%。由于地球内部的原因，如温度的变化，冰层的融化导致地球体积增加，从而引起地球表面板块破碎并且互相分离。大量的水充溢于板块之间形成海洋，而地球板块破碎分离就产生了地震。但也有

△ 地震

人说地球其实是在逐渐缩小，那么这个基于地球的体积不断增大的地震形成理论就不成立了。

现在比较认可的学说是"板块构造说"。这个学说认为，全球岩石圈由6大板块组成，板块的相互作用是地震发生的基本原因。虽然板块构造说为地震成因研究提出了一个新的研究方向，但地震产生、发展的全过程，人们并不清楚。

地震云能预测地震吗

一、地震云之谜

有许多人都认为，天空中某些形态的云与地震有关，并把这类云称为"地震云"。

迄今为止，人们所认定的地震云，都是出现在地震发生之前。它们与地震震中似乎有关系，但这种关系又非常复杂。有些地震云出现在距离震中很近的上空，有些地震云却远离震中几千千米，甚至上万千米。

中国古代曾有"天裂"与"土裂"相关的记载。"天裂"，顾名思义指的是把天空分成两半的长条带状的地震云；"土裂"则指土地之裂，也就是地震后大地产生的裂缝。古人是把"天裂"与"土裂"联系在一起的。

中国历史上有关地震的记录也有许多，如1815年10月23日，山西平陆地震。"傍晚天南大赤，初昏半天有红色如蝇注下，云如苍狗。""夜有彤云自西北直亘东南，少顷始散，地大震如雷，天地通红。"

1941年5月5日，黑龙江绥化里氏6.0级地震前，西北天空有条云呈赤褐色，其纵面似乎有淡云遮住。万顺地区地雾突起，空中犹如黑带之物，东西向流动。

但也有许多科学家认为地震云根本不存在。因为在唐山大地震中就没有发现有奇特形状的地震云。

那么，究竟有没有地震云？如果有，它与地震究竟是个什么关系？它的形成机制是什么？这都是正在探讨中的问题。

1. 地震云的样子

地震云就是出现于天空的云彩，为什么有的人能从普通的云彩里发现与地震有关的地震云呢？

那么，什么形态的云彩与地震有关呢？

△ 地震云

最早记载地震云的历史资料是我国的清代康熙三年编写的《隆德县志》。作者对地震前兆进行了总结，其中有一条就讲了地震云，这是第一次有人把地震和云彩联系在一起。书中写道："天晴日暖，碧空晴净，忽见黑云如缕，宛如长蛇，横亘天际，久而不散，势必地震。"

在清人王士祯所著的《池北偶谈·卷下》中也有关于地震云的记录。1668年7月25日，山东郯城发生里氏8.5级地震，作者当日记录："淮北沭阳人，白日见一龙腾起，金鳞灿然，时方晴明，无云无气。"这里说的龙，也就是《隆德县志》中"黑云如缕，宛如长蛇"的长蛇状带状云。

2. 地震云真能预报地震吗

日本是世界上地震多发国之一，地震之害使日本人特别注意预报地震的方法，以此来减轻损失。有一个日本人注意到了地震云，并对此非常重视。他多次根据地震云推测了地震的发生。这个人并不是专业地震工作者，他是曾任过奈良市市长的健田忠三郎。

　　1948年6月28日，健田忠市长第一次发现了地震云。那一天，他发现奈良市上空出现一种异常的带状云，天空好像被这种云分成两半，他预感到可能要发生地震，就把他的预感告诉了亲友，结果第二天便传来了福井地震的消息。后来，健田忠又多次根据地震云推测了地震的发生。据说根据这种异常云彩，他在一海之隔的日本竟然预报了我国东部沿海地区的一次里氏6.7级地震。

　　利用地震云来预报地震引起了学术界的重视。由于这种方法观察方便，无须任何设备，因此许多人都想尝试一下。

　　但也有专家认为这种靠地震云预报地震的方法没有任何科学价值，只能在社会上引起混乱。东京大学教授荻原尊礼认为，靠地震云所预测的地震纯属巧合。日本气象厅主管地震问题的专家也说健田忠三郎统计的地震，有的远离日本本土，有的发生在海底数百千米深的地方，其前兆不可能在日本本土上空的大气层中有反映。

　　我国地震研究工作者发现，地震云颜色复杂，多呈复合色，一般有铁灰、橘黄、橙红等色彩。有人经过多年观测发现，地震云多出现在凌晨或傍晚，分布方向与震中垂直。还有人根据这个规律曾经成功地预报了地震的震中位置。

　　我国地震学者吕大炯汇总了一定范围内的地震云，并以此为根据制成了地震云分布图，在这张分布图上，他确定了地震云垂线交会点的地面投影位置，认定这里是地震可能发生的地带。我国20世纪70年代地震研究的实践证实了吕大炯的推测。吕大炯还认为，无论在时间上还是空间上，地震云都可以与近期和远期发生的地震相对应。例如太平洋彼岸的墨西哥发生的里氏8.0级地震和西半球的亚速尔群岛地震，有人在地震发生几天前，在北京就观察到了云彩的异常变化。这说明地震运动可以影响到很远地方的大气层。

　　地震云形态各异，除了常见的条带状地震云外，还有的地震云呈辐射状。这种云从某一点向外呈指状辐射，它主要出现在早晨和傍晚，受霞光的影响可以有不同的颜色。

　　还有一种云，地震学家给它取名为"肋骨状云"，是因为这种云像是一些排列整齐的肋骨，沿东西方向呈宽带状分布。它可能是长蛇状云的"宽化"，也很可能是由于同时来自大致相同方向的两次地震共同激发的结果。

1923年8月27日，低气压出现在日本西南部的石垣岛和冲绳岛之间，并且越来越低，3天后形成台风，台风向九州西南部移动。与此同时名古屋市也出现低气压，到8月31日，这种低气压形成的大风扫荡了江之岛一带。这时出现了些异常情况，天空呈现出奇怪的红色，太阳好像也比平时大了一倍。9月1日早晨，大风刮到了东京北部。上午10时，东京上空出现形状特殊的浓云，云体肥大，很像鸡冠花。接着狂风暴雨转瞬而至，云量继续增加，风速进一步增大。后来当风向突然转向时，东京发生了里氏8.3级大地震，还波及横滨及周围许多城镇。这次地震几乎毁灭了整个东京，仅东京一地就有将近6万人死亡。受伤者不计其数，财产损失无法估量。于是这种带有不祥征兆的云，又被称为"妖云"。

"妖云"是地震云吗？目前还没有太多的实例对它进行解释。

3.. 地震云形成探秘

地震云是怎样产生的呢？

日本九州大学真锅大觉副教授认为，地震之前，地球内部积聚了巨大的能量，促使地热升高，空气升温，成为上升的气流，来到同温层后，呈同心圆状扩散，使1万米高空的雨云形成细长的稻草绳状的地震云。

但这个理论中有一些很难自圆其说的地方，我国气象地震研究人员从大气物理角度提出了质疑。

首先，同温层在对流层上面，距海平面高度为1万多米。一般上升的气流是达不到这个高度的。就算火山喷发、核弹爆炸，也只能使空气上升到对流层顶附近的高空。而且这种强烈对流，一般都是产生"塔状"、"柱状"、"蘑菇状"等垂直方向的对流体，地震前的地壳运动又怎么可能形成沿水平方向展开的横卧状的细长带状云呢，而且这种长条状云为什么呈垂直震源方向分布呢？

其次，按照真锅大觉的理论，地震云应出现在地震震中的上空。然而据有关报道，有人在距离震中几千千米以外看到了地震云，甚至有人隔着半个地球也看到了地震云。这又怎么解释呢？

还有地球岩石的热传导是极其缓慢的，它通过10米厚的岩石至少也要3

年。那么，地球内部所积聚的能量，又是通过什么机制快速传到地面，加热大气的呢？

我国学者吕大炯认为，地震云除了可能出现在震中区上空外，也可能出现在那些远离震中区而又有应集中的断裂带上空。当远处震中区因震前容积增大时，其应力加本来就很集中的断裂带的应力，这样强应力作用使岩石发生挤压摩擦，造成热量增加，于是地下热流通过断裂不断逸出地面，并上升到高空，形成条带状地震云。

吕大炯还认为，地热传递给大气，不一定非得通过从断裂带逸出不可，还可以通过辐射的方式（如超高频或红外辐射）来加热断裂带上空的各种微粒，从而导致了条带状地震云的产生。由于断裂带大多呈垂直震中的震波传递方向，所以由此产生的条带状地震云也是垂直震中的震波传递方向。

辐射状地震云是如何形成的呢？吕大炯认为由于震中处于某些应力高度集中的断裂交会处，因此当应力随距离而衰减时，便形成了焦点对应震中的辐射状地震云。

我国学者吕大炯的理论，虽然比较好地解释了地震云的某些特征，但这些理论仍然只是推测，至今还没有获得有关的实测数据。而对于那些相隔半个地球的地震云来说，能否把应力传递过去，也实在令人怀疑。尤其是那些发生在海底的地震，人们更加难以相信它们也会引起地震云。

关于地震云的成因，除了上述假说以外，还有一些人从另外的角度提出了猜想。有人认为，我国辽宁海城地震是海水中沉积的锰铁矿在地震前形成了感应性磁场，一旦地震发生，地磁异常明显，就会影响到大气对流层，进而产生地震云；还有人认为，地球内部的巨大能量，会使一些带电粒子高速地冲出脆弱的断裂带，到了一定高度以后，这些带电粒子与气体分子相碰撞就电离成离子，然后这些粒子就成为周围过于饱和的蒸汽的核心，再结合尘粒等形成雾珠。这样在带电粒子通过的路上，便有细条状云体即地震云出现；还有人利用震源电场解释地震云成因，说在5000多米的高空，地面热辐射作用较小，垂直对流微弱，因而云层稳定，雾珠易于保留一定形态。同时这里离子浓度大，不稳定，在震源静电场作用下顺电场排列，因而形成分布约数百千米的条带状，也就是地震云。

虽然，以上都对地震云的形成作出了一些解释，但大部分是猜测。因此，在学术界对地震云的存在还持有怀疑态度。有人说地震发生与云彩没有任何关系，人们所说的"地震云"都缺乏实际证据，有的是巧合，有的则是纯属杜撰。

地震云究竟存不存在呢？它又是如何形成的，这些都还是暂时难以回答的问题。

二、动物可以预报地震吗

在我们小时候就知道，地震前大地上会发生一些异常现象，比如"冰天雪地蛇出洞，大鼠叼着小鼠跑。兔子竖耳蹦又撞，鱼跃水面惶惶跳。蜜蜂群迁闹哄哄，鸽子惊飞不回巢"等，这些都是地震前动物带给我们的预示，还有大地上的异常表现。那么地震在发生前是否有预兆呢？

有科学家解释不是所有的动物、大地异常的情况都是地震前的预报，也可能是因为洪水、天气、气候等因素发生的。而前人总结的地震前的异常变化虽然有一定的意义，但科学界不认为它们之间有必然的联系。也有人说，现在每天各地都有奇怪的自然现象发生，难道都是地震前的预报吗？那整个世界都要陷于地震的恐慌中了。

也有人说地震前的预兆要分情况来看，如果一个地方处于地震频发区，那就要重视这些预兆。利用以前的地震记录来分析这些预兆发生的原因，而且一个地震经常爆发区的前人总结和经验都是十分重要的。

在许多报道中，动物可以预报地震几乎是确定无疑的了，但是在现实生活中当真的有动物发生奇特行为时，谁又会相信它们是地震前的预报呢？因此，动物行为是否能预报地震还有待进一步研究，或许当人们动物的"肢体语言"全部破解出来时，才能解开这一谜团吧！

南北半球地震为什么次数不一样

有人曾对南北半球的地震总数作过统计，发生在1900年到1980年间6.0级及其以上的地震一共7936次，但是在南北半球发生的里氏6.0级及其以上的地震次数却有很大差异：北半球共发生了4634次，南半球只发生了3277次，赤道发生了25次。北半球比南半球多出1357次。纵观地图，北半球的火山、温泉数量也比南半球高。这是怎么回事呢？

有学者根据南北半球海陆分布的不均衡特征认为，海陆分布情况可能影响到地球内能的释放。我们知道，温泉、火山、地震都是地球释放内能的方式，来自地热流的研究给我们这样的启示：地热流是地球内能释放的最基本的形式，地球的内能通过地热流连续不断地经由地壳释放出来，地壳是地球内能释放的最主要障碍。由地壳均衡假说可知，大陆地壳远厚于大洋地壳，又据有关资料显示，大陆地壳的平均厚度为35千米，海洋地壳厚度仅为6000米。不难想象，地球的内能通过大陆地壳要比通过海洋地壳困难得多。由于北半球大陆板块面积比南半球要大，而南半球的大洋板块面积比北半球的要大，因此北半球的内能更多地受阻于大陆板块，通过地热流释放出来的内能就要比南半球少一些，这些受阻的内能在大陆板块下面积聚，并在地球自转的作用下向中低纬度转移。当这些能量积聚到一定的程度，就可能冲破地壳，在一些地壳较薄弱的地带（如板块边缘）以火山、地震等形式释放出来。在一个较长的时期内，南北半球各自释放的总内能应趋于均衡，即北半球通过地热流、温泉、火山、地震等形式释放出来的内能近似等于南半球通过地热流、温泉、火山、地震等形式释放出来的内能。由于北半球通过地热流释放的内能要比南半球少，其累积的能量就通过火山、地震、地热活动释放出来。

不过这种说法还只是一种理论，南北地球的地震次数为什么不一样，仍需科学家进行研究。

伤亡惨重的日本关东大地震之谜

日本关东地区东跨日本本州岛中部，面积约3万平方千米，日本重要的京滨工业区就在这里。1923年9月1日，关东地区的人们正在忙碌地生活着，谁也没有想到一场天灾将要降临。11点58分时，关东平原地区忽然发出一阵奇特的声响，大地颤抖起来，许多人都被抛向天空，非死即伤。瞬间成片的房屋倒塌，许多人来不及反应就被砸死在屋子内。这场突如其来的大地震震级达到了里氏8.3级。其袭击范围之广，受害面积之大，死亡人数之多，在日本历史上罕见。

地震时由于发生在中午，许多家庭都在做饭，所以房屋一塌几乎马上起火。东京、横滨地区的火势虽然较小，但因为地下水供水管道被破坏，消防设施也已被震碎，消防人员根本无法救火，火借助风势，不断扩大。最为悲惨的是那些被压在废墟中的幸存者，如果没有大火，这些人还有获救的可能。但是大火燃起后，许多废墟、瓦砾中的幸存者被大火活活烧死。一些逃脱地震灾难的人也被大火包围。据说东京80%的丧生者死于震后大火，而幸存者多数被烧伤。大火一直燃烧了三天三夜，几乎使得关东地区的所有东西变成灰烬。

更令人不可思议的是在海滩上的人们也无法保全性命。许多从地震中逃出来的人逃到了海滩，纷纷掉进大海，本以为可以保住性命，但是几小时后，海滩附近的油库爆炸，石油注入横滨湾，大火点燃了水面上的石油，横滨变成了一片火海，在海中避难的3000多人被大火烧死。

更为惨重的是次地震引发了海啸，巨浪以每小时750千米的速度扑向海岸，使得大部分的人又命丧海啸中。

在关东大地震中，大地也被撕出一道口子，许多侥幸逃出的人又不幸掉入了大裂缝中，被冒出的地下水活活淹死；没有被淹死的人想从裂缝中爬上

△ 日本关东大地震

来，但是大裂缝却突然合上了，许多人被大裂缝活活挤死。

地震还多处出现大塌方。在根川火车站，一列载有200名乘客的火车在行进途中与一堵地震造成的泥水墙相撞。巨大塌方把这列火车连同车上的乘客、货物统统带进了相模湾，顿时无影无踪，车上乘客的命运不言而喻。一些村庄竟被埋在了30多米深的地震造成的泥石流、塌方中，永远消失在地球上。

在这场地震中，除了天灾还有人祸，在中、日、韩三国学者编撰的《东亚三国近现代史》中曾记述：在地震后的混乱中，警察散布了"朝鲜人要举行暴乱"的流言，9月2日，日本政府宣布东京与神奈川戒严的命令。在这种情况下，军队、警察和市民自发组织的自警团杀害了许多朝鲜人，据"在日朝鲜同胞慰问会"后来调查的结果，被杀害的朝鲜人约6000名。

另外，还有数百名中国人也被杀害。在这场人为灾难中有些外地的日本人由于操地方口音被错认为是朝鲜人也遭到杀害。

关东大地震是天灾人祸并发的罕见灾难，它在日本历史上也很罕见。据当时日本官方公布的结果，在关东大地震中死亡99331人，下落不明43476

人，受伤103733人，房屋毁坏128266间，严重受损126233间，烧毁447128间，地震中木造房屋损坏率高。

地震后引发大火，东京烧失面积约38.3平方千米，85%的房屋毁于一旦，横滨烧失面积约9.5平方千米，96%的房屋被夷为平地。地震又引发海啸，最大浪高超过12米，海啸卷走、冲毁的房屋也达到了868所，财产损失300亿美元。但是据2005年有报道称，上述数字中有重复统计的。

震灾中死亡与失踪的人数是根据1925年日本著名地震学家今村明恒教授组织"日本震灾预防调查会"对关东大地震调查而来的，后来一直被各界所公认。但是，研究关东地震的人员却发现疑点：当时震灾较重的东京市区下落不明失踪人数为1055人，而震灾相对较轻的东京府却有了38000多人。于是研究人员对市镇、乡村的部分数据和其他一些资料进行重新统计计算。结果发现，在下落不明和身份不清楚的死者中有3～4万人很可能被重复统计。比较可靠的死亡与失踪人数合计为105000人左右。

同时，房屋毁坏应为109000余间，严重损坏102000余间，被烧毁的房屋应为212000余间（包括毁坏、严重损坏后再烧失）。

而关山大地震发生原因至今也说法不一，较多的说法是在5分钟内发生3起地震所造成的。最初的地震是发生在日本时间1923年9月1日11时58分32秒，里氏7.9级的双中心地震，发生地点位于相模湾两侧的半岛，地震历经时间约15秒；第2次是12时零1分，里氏7.3级的余震；第3次是12时零3分，里氏7.2级的余震。这3次地震合计连续摇了大约5分钟以上。

但这也是一部分人的看法，关东大地震发生的原因至今仍在进一步探索之中。

唐山大地震之谜

1976年7月28日3时42分53.8秒对中国唐山来说是毁灭性的一天。一场震惊世界的灾难在那里悄然发生，它深深地刻进了无数中华儿女的心中，让人们永远无法忘怀和痛心。

唐山是我国著名的工业城市，它出现了中国历史上的第一个煤矿，中国第一台蒸汽机，第一条标准化的铁路……人们在这座充满生机的城市平静地生活着，没有人想到正有一场史无前例的大灾难袭来。当夜晚降临时，人们都安然入睡了，就这样很多人都再也没有醒来。

7月28日3时42分53.8秒，距地表16千米处的地壳轰然爆炸，宛若突然炸裂的原子弹。唐山市上空顿时电闪雷鸣，狂风怒吼。顷刻间，这有着百万人口的新型城市瞬间变成了平地。而一切又结束得那么迅速，地震后的唐山平静得让人恐怖。

整个华北大地也在剧烈地颤动着，强震波及中国东部的广大地区，北起满洲里，南至螺河，东临渤海湾，西抵名咀山，14个省、市、自治区，200多万平方千米土地上居住的几亿人受到扰动。遭受地震破坏的区域约21万平方千米，其中严重破坏区3万多平方千米。

地震共造成24.2万人死亡，16.4万人受重伤，仅唐山市区终身残废的就高达1700多人；毁坏公产房屋1479万平方米，倒塌民房530万间，直接经济损失高达54亿元。全市供水、供电、通信、交通等生命线工程全部破坏，所有工矿全部停产，所有医院和医疗设施全部破坏。地震时行驶的7列客货车和油罐车脱轨。蓟运河、滦河上的两座大型公路桥梁塌落，切断了唐山与天津和关外的公路交通。市区供水管网和水厂建筑物、构造物、水源井破坏严重。开滦煤矿的地面建筑物和构筑物倒塌或严重破坏，井下生产中断，近万名工人被困在井下。唐山钢铁公司破坏严重，被迫停产，钢水、铁水凝铸在炉膛

△ 唐山大地震

内。地震摧毁了方圆6～8千米的地区。许多第一次地震的幸存者由于深陷废墟之中后又丧生于15小时后的里氏7.1级余震。之后还有数次里氏5.0至5.5级余震。在地震中，唐山78%的工业建筑，93%的居民建筑，80%的水泵站以及14%的下水管道遭到毁坏或严重损坏。

全世界的地震台也都感觉到了来自东方的巨大冲击力，美国加利福尼亚大学称：中国发生里氏7级以上地震，震中在北京周围。美国夏威夷地震台：中国发生里氏8.1级地震，震中在北京周围。中国新华通信社于当天向全世界播发这一消息，说："据我国地震网测定，这次地震为里氏7.5级……"几天后，中国又一次公布经过核定的地震震级：里氏7.8级。

唐山大地震是20世纪以来中国乃至全世界十大自然灾害之一。在唐山大地震发生后，于7月18日的7时17分20秒和当日18时45分34.3秒，分别于河北滦县和天津汉沽又发生2次较强烈余震，余震的震级分别为里氏6.2级和里氏7.1级。两次余震加重了唐山大地震造成的经济损失，并使得很多掩埋在废墟中等待救援的人被继续倒塌的建筑物夺去生命。

另外，在唐山地震发生时，建筑物倒塌引起的火灾次数无法计算，而地震后的火灾也从未间断，市区发生的大型火灾就有5起，分别是火柴库和酒库起火、化学品自燃、高温高压设备受损引起大火，还有一起大火源于使用火炉。火柴库、酒库的大火一直烧了几天几夜方才平息。连受地震波及的天津市都发生了38起火灾。唐山地震还发生毒气泄漏。开平化工厂液氯车间因设备阀门损坏致使液氯泄漏，当时就毒死2人。天津也发生了毒气污染事件。

虽然唐山大地震已经过去了30多年，但是留给我们的记忆依然如此深刻。尤其是2008年5月12日发生的汶川大地震，更是唤醒了我们对地震的认识。地震是最严重的一种自然灾害之一，它带给我们的往往是巨大的人身财产损失。由于现在对地震的研究并不是十分深入，因此地震通常都是难以预测的。而且在地震中还伴随着许多神秘的现象，让人无法找到形成这些现象背后的真实原因。

在唐山大地震时，人们发现了七种怪异的现象：一是所有的树木和电线杆子都直立未倒下，均未直接受害。例如唐山市内65米高的微波转播塔巍然屹立于大片废墟之中，而且震后两个微波塔仍可直接、准确传播电视信号；二是唐山的人防坑道除个别有小裂纹外，其他均未受到破坏；三是在唐山地震中死伤的人中没有人直接死于震动，绝大部分是因为建筑物坍塌受害；四是唐山地震后，除个别地区受采空区坍塌或其他影响出现局部起伏外，绝大部分地面、路面完全如震前，很少出现波浪起伏现象；五是唐山启新水泥厂的一栋三层库房，一楼二楼基本完好，三楼的所有窗柱却全部断裂。而且旋转方向和角度各不相同，现存旋转角度最大的一个右旋40度，旋转角度更大的当时即已脱落；六是建筑体的破坏尤其是砖石结构和水泥制件的破坏一般都是分段裂开四面开花崩塌。整体歪斜的现象很少；七是唐山公安学校有三栋三层楼房，形状相同，相互间隔10米平行排列。在地震中南面一栋完全塌平，中间一栋只是部分散落。而即使在一栋房中有的是第一层破坏比较严重，有的是第二层，有的是第三层。为什么同一区的受震程度会有如此偏差？

李泰来认为用过去的地震理论根本无法解释这些现象，他认为在地震中除了横波、纵波外，还有一种扭波。纵波使物体产生上下振动，横波使物体前后摆动，两者的破坏力都不大。但是当扭波出现时，就能把物体从内部扭散扭断，随即垂直坠落，造成巨大破坏。这样唐山大地震的七大谜团就都可以迎刃而解了。

然而这种理论还有待在地震发生带进一步地证实。

南北极为什么没有地震

据统计，全球每年发生的地震多达100万次，当然它们大多数是属于里氏2.0级以下的微震，人们是很难觉察到的。而强度在里氏2.0级以上的地震，全世界每年可记录到1.2万次，里氏6.5级以上的大地震平均每年要发生100次左右。但令人困惑不解的是，在南北极地区从未发生过任何级别的地震。这一奇异的地质现象，一直是地质学界的不解之谜。

南北极地区为什么没有地震呢？美国田纳西州孟菲斯大学的地质学家庄士敦教授，经过30多年来的观测研究指出：是巨大的冰层造成了南极大陆和北极的格陵兰岛内陆地区无地震发生。据他多年的测量统计，在南极大陆和格陵兰岛，其冰雪覆盖面积分别为90％和80％，冰层厚达3千米以上，由于厚冰层的压力，其底部几乎处于融化状态（1969年科学家赴南极考察时，曾在冰层下2164米的深处发现水流）。此外由于冰层面积大、冰层厚，在垂直方向上产生强烈的压力，结果南极大陆和北极格陵兰岛内陆地区，其下面的地壳板块都受到冰层的挤压。而这种冰层形成的巨大压力，与地层构造的挤压力达到力量均等，因而不会发生倾斜和弯曲，所以分散和减弱了地壳的形变，这样就消除了地震的发生。

南极巨型冰雕之谜

南极洲是一片冰天雪地无人居住的地方，最近令科学家们迷惑不解的是，在南极洲对面海岸接近印度洋之处发现了不少雕刻成各种动物如海豚、鱼、狮子的巨型冰山，在海上四处漂浮！

究竟它们是谁做出来的，又是为什么呢？这一连串疑问，令科学家找不出答

△ 美丽的南极冰川

案。"一些足有千万吨重的巨大冰雕。"瑞典海洋学家柏德逊说，他1993年在研究船经过当地时，也曾亲眼目睹一些奇怪冰山在海面漂过："我们虽然并不知道是谁做出来的，不过我们却肯定，那绝非人手能雕凿出来。那些冰雕从60至150英尺高都有，从1993年8月我们拍摄到的一辑照片显示，它们造型和比例惟妙惟肖，就连眼睫毛，小狮子的爪，也清楚可见，可以说雕刻得极仔细。"数家国际航运公司的发言人，亦证实在1990年夏天开始，收到不少船只的报告，说见到这些巨型冰雕在南极一带海面出现。为了调查此事，柏德逊博士曾经访问过356名船员，他们都声称见过这些神秘冰雕。最为奇怪的是，在这些巨型冰雕的上空，还同时出现彩虹似的光芒，不管是白天或夜晚，都清楚可见。"那些冰雕的彩光究竟从何而来，或只是某种自然的现象，我们仍在查探中。"柏德逊博士在瑞典首都斯德哥尔摩的记者会上说。这些神秘的巨型冰雕到底是由何而来，一直成为科学家很想解开而又解不开的谜。

好望角为什么多风暴

好望角一带屡出意外引起了世界的震惊。在连接红海和地中海的苏伊士运河开凿以前，这里是大西洋和印度洋之间航运的必经之路。即使在今天，37万吨以上的巨轮也还是要绕道好望角！西欧和美国所需要的石油，一半以上需用超级油轮经好望角运送。因此，说好望角是石油运输线上的"咽喉"一点也不过分。现在，要是"咽喉"出了毛病，那还了得！一批又一批的科学家来到好望角附近，调查研究这里风急浪高的原因。经过一段时间的工作，科学家将造成好望角附近海域风浪大的原因归纳成以下两种说法。有些人认为，好望角附近海域风浪大是由西风造成的。好望角位于非洲大陆的西南端，它像一个箭头突入大西洋和印度洋的汇合处。因为好望角恰恰位于西风带上，所以当地经常刮11级以上的大风，大风激起了巨浪，经过的船只就处在危险之中了。"西风带说"的理论固然有一定的道理，但它存在一个致命伤。因为这种学说不能解释在不刮西风的时候，为什么海浪还是如此之大。一年365天，并非天天刮西风，刮西风时海浪可能被风激得老高老高，但不刮西风时呢？海浪还是那么大，那又该如何解释呢？针对这一点，美国一位科学家提出了另一种学说——"海流说"。这位科学家分析了多起在好望角附近海域发生的海难事件。他发现，每次发生事故时，海浪总是从西南扑向东北方，而遇难船只的行驶方向是从东北向西南。也就是说，船行的方向正好和海浪袭来的方向相反，船是顶浪行驶的。科学家还实地调查了当地的海流情况。他发现，好望角附近水下的海洋与船只行驶的方向是相同的，换句话说，海底的海流推动船只顶着海浪前进，几股力量的共同作用就造成了船毁人亡的结果。

然而，"海流说"和"西风带说"一样，也存在着不足。比如，海水是流动的，很难断定在一年的365天中海流的方向也保持恒定。然而不管是什么

△ 好望角

日子，船一到达好望角附近的海面，马上就陷入危险的境地，这又是为什么呢？科学家们很难自圆其说。

直到现在，好望角附近的海面仍在无情地吞没不幸的船只。要是哪一天人类能彻底掌握风浪活动的规律，好望角附近的天堑就一定能变成通途。少了一天之谜1522年9月的一天，当航海家麦哲伦的18名水手，驾着"维多利亚号"成功地完成了第一次环球航行，凯旋而归的时候，发生了这样的一件事：《航海日记》上清清楚楚写的时间是1522年9月6日，而在西班牙的日历上却是1522年9月7日。

这真是件怪事，水手们可是认认真真地每天记录《航海日记》的。怎么回事呢？岸上的人责怪水手们："你们大概被海浪打蒙了，连日期也记错了。"这对于虔诚的教徒来说可不是一件小事。庄严的神甫责备水手们记错了日子，过错了节日，把应该吃斋的日子开了荤。结果，水手们只好到教堂去忏悔，请求上帝饶恕他们的罪过。18世纪末，俄国人从亚洲越过白令海峡，来到北美洲。他们与英国人、法国人住在一起，很友好和睦，可却老为一件事争吵：英国人、法国人说："今天是星期一。"而俄国人断然否认，说英国人、法国人记性不好，一定记错了，那是"昨天"，"今天应该是星期二"。英国人、法国人正在迎接除夕，可俄国人已在过元旦了。这到底是怎么回事呢？

原来，太阳光刚照射到一个地方的时间，那里就是新的一天开始。地球奔驰不息，不停地自转和公转，每个地方黎明出现的时刻都不一样，黄昏来临的时间也不一样。

麦哲伦一行向西绕地球航行，而地球是自西向东自转的，因此他们仿佛每天都在追赶即将西落的太阳，因此晚上总是来得迟一些，结果平均每天延长了1分多钟，以致历时3年而少了一天。相反，俄国人向东迁移，日子就多了一天。怎样消除这种误会呢？1884年召开的国际子午线会议上，规定以180度经线，也就是以亚洲东部的楚克奇半岛、太平洋的岛国斐济等的附近，作为地球上新的一天开始和结束的分界线，叫"国际日期变更线"，简称"日界线"。

按照这一规定，日界线的西边附近时间来得最早，日界线的东边附近时间来得最迟。也就是说，当西边附近已开始新的一天的时候，东边的附近还是昨天。因此当人们由西向东越过日界线的时候，日期要减一天；相反，由东向西越过日界线的时候，日期要加上一天。

按照这样规定，人们如果想过两个生日或两个年，只要在日界线的西边附近过完生日或春节，然后向东越过日界线就可以再过一个生日或春节。

麦哲伦的水手们要是知道这个道理，也就可以不必受那冤枉罪了；俄国人、英国人、法国人也就可以安安宁宁地住在一起了。

塔克拉玛干沙漠之谜

如果将沙漠比作人，那么它的天气就是人的表情，塔克拉玛干沙漠的表情是神秘莫测的。许多学者认为，塔克拉玛干是"干旱之极"，没有降水，湿度基本为零。几千年来，没有过关于塔克拉玛干气候的正规记录，而一些"亲临"的人，又因时间、条件所限，所见又十分局部，所传达的信息自然难以准确，所以塔克拉玛干沙漠的天气始终是一个谜。

沙漠气候，不是干、热两个字所能简单概括的，是由复杂的天气要素组成的。

地球上最热的地方，不是在赤道，而是在沙漠地区。目前世界上气温的最高记录是57.8℃，那是1922年9月和1933年8月，分别在利比亚的阿济济亚和墨西哥的圣路易斯测得的。前者在地中海南岸，其南为举世闻名的撒哈拉大沙漠；后者在墨西哥中部，位临北美沙漠。我国气温最高的地方，是在新疆吐鲁番盆地吐鲁番市原东坎机场气象哨测得的，温度值为48.9℃，正规气象记录则为47.6℃，也是在吐鲁番市气象站测得的，时间是在1942年、1953年、1956年的同一天——7月24日。沙漠地区气温之高，是因为这里空气极端干燥，上空很少有水汽，也就很少有云彩，阳光能直接照射到地面，而沙漠地区地面植物少，储藏热量的能力很低，近地层气温上升很快，形成了高温天气。

根据上面的分析，塔克拉玛干沙漠腹地理应是塔里木的高温中心。实际并非如此。在塔克拉玛干有三个高温区：一个在麻扎塔格山之南；一个在若羌县之东；一个在偏北的满西之北。这三个地方7月份的平均气温均超过长江三大火炉。而真正作为沙漠中心的塔中地区，气温却低于上述三处。按绝对最高温而言，沙漠中超过40℃的日子并不多，极值也不过42.7℃。这种现象的出现，主要是沙漠的广袤，使其具有很强的散热能力。至于人们在沙漠中觉得酷热难熬，原因是沙漠中没有遮蔽之处，一直曝晒于烈日之下，加上极度的干旱，增强了炎热的感觉。只要制造一个遮蔽的环境，例如打一顶太阳伞，你马上会有一种凉爽的感觉。

唐代高僧玄奘由印度取经回国，经和田东行来到媲摩城，即汉代扜弥国，在现在的克里雅一带。在那里，他听人们讲了一个故事，后来他将这个故事记在《大唐西域记》一书中。这个故事讲述了曷劳落迦城被沙埋的经过。曷劳落迦城在媲摩城北，原是一个十分富庶的城镇。但是，这个城镇中居住的居民不敬神佛，欺凌过往的僧侣，用土块投掷他们。最后惹怒了神佛，在7天之后，一场突发的风暴将全城埋没。全城居民中，只有一户因接济过僧侣，他们家人被提前告知，筑地道逃了出来，其余的居民则全部丧命。而这个被淹没的城市中有许多的珍宝，吸引了许多人前往发掘。然而，不论是谁，只要接近曷劳落迦城，就会"猛风暴发，烟云四合，道路迷失"，从无一成功者，全都"进去出不来"了。

玄奘记录这个故事虽然有点神秘色彩，但是它也说明，塔克拉玛干沙漠的风暴，是掩埋这一地区古代文明的重要原因。其实，塔克拉玛干沙漠腹地大风并不多，并且在高大沙丘区，沙丘移动十分缓慢，一年移动的距离不足1米。所以，人们常说的历史时期以来，塔克拉玛干沙漠向南移动了80至100千米的说法是不对的。历史时期以来，塔克拉玛干新增沙漠化土地不过3万多平方千米，即使全部摊到塔克拉玛干南缘，也不过平均4千米的距离。这是因为原来就在沙漠中的城镇、丝路在废弃后被沙埋所造成的沙漠大规模向南移的假象，实际上，这些遗址南面原先也是沙漠，它们的废弃造成了南北沙漠合二为一的结果。

但是，我们也不能忽视大风所带来的危害。在沙漠外围地区，由于风力活动，会使一些低矮的沙丘每年移动几十米至上百米，对绿洲造成严重危害。而且由于塔克拉玛干沙漠的沙粒十分微细，在很小的风力下就会启动。别的地方起沙风达到每秒6米，而在塔克拉玛干在风力每秒4米时就能起沙，使塔克拉玛干成为我国西北地区沙尘暴一个重要策源地。

沙尘暴是塔克拉玛干沙漠地区一种常见天气现象，在塔中和满西，每年的沙尘暴日分别达到65天和60天，一举掠取新疆的冠、亚军称号。沙尘暴影

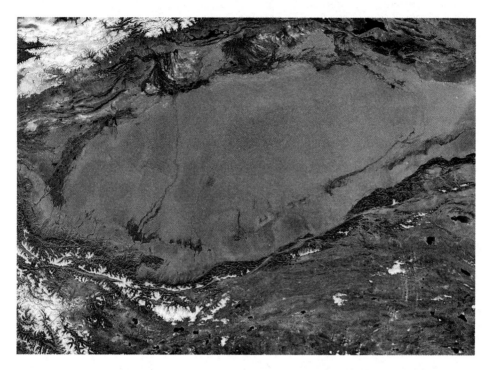

△ 塔克拉玛干沙漠卫星图片

响范围，少则几百米，多则达上百公里；时间短则几分钟，长则在一昼夜以上，能见度差时真是伸手不见五指，大有黑云压城城欲摧之势。在与一些过境恶劣天气现象相结合时，所形成的沙尘暴更是来势汹汹，规模浩大，常常形成灰、黑、黄色的巨大沙幕，席卷而来，大有扫荡一切之威力。

在塔克拉玛干沙漠中，天气现象也是丰富多彩的。除了日升、日落、朝霞、夕阳，煦煦和风、狂烈风暴等特色外，也可以见到被认为是湿润地区特有的雾、雹、露、霜、雪等种种现象。

雾是因水汽凝结而生，而在被视为干燥绝顶的塔克拉玛干，一样有大雾天出现，在沙漠中，一年中雾日就有三天半。一些学者从理论上探讨过，雹子在极端干旱的沙漠区绝不可能出现，可实际上真有出现。冰雹大者如蚕豆大小，打在头上也很疼痛。

在沙漠腹地，一年中有近10天的雷暴日，有长达140到230天的霜日，甚至有2天降雪日，积雪深1～5厘米。看到一望无际的大漠一派银妆素裹，人们真要惊叹大自然的造化神功了。至于因气候原因形成的自然景观，如沙漠海市蜃楼、尘卷风等，自然更是魅力无穷了。

现在，让我们来了解一下塔克拉玛干气候变迁的来龙去脉。

根据气候学家的推论，在古生代的前半期，大约距今4至6亿年，地球赤道曾经经过新疆或接近新疆，塔里木又处于海水浸没之中，此时的塔克拉玛干是处于炎热而潮湿的热带海洋气候。到古生代后期，从距今2亿多年石炭纪晚期，海水从塔里木大规模后退，塔克拉玛干从湿热转向干热，开始了向干旱的转化。到了中生代，塔克拉玛干的气候，尽管还是以暖湿为主流，但较之古生代，温度、湿度都有明显的降低，从热带气候转向亚热带气候，趋向干旱已成定局。

对塔克拉玛干现代天气和气候至关影响的是在新生代，特别是新生代中距今200多万年的第二个纪——第四纪。在这一时期，塔克拉玛干的气候虽然也存在暖干、冷干的交替，但总的趋势由热向温转化、由湿向干转化，形成暖温带干旱气候，塔克拉玛干沙漠也于这一时期正式形成。

塔克拉玛干气候经历了几亿年的变迁，其中的成因和过程是十分复杂的。我们只需要知道，沙漠是干旱气候的产物，它的活动性受气候变化，特别是其中干湿变化控制，这是一个经历了上千万年变化的过程。沙漠的气候变化，也跟它的地质变化有密切的关系。从元古代到新生代的前10亿年里，塔克拉玛干经历了从大海到沙漠的沧桑巨变。

我们居住的这个地球，已有46亿岁的年龄。地质学家们根据生命的进化史，将地球的历史划分为隐生元和显生元两个大的单元。前一个单元漫长至40亿年，后一单元至今已有6亿年，并且还在延续。其实，在隐生元中，生命已开始萌动，现在已知的原始植物从35亿年前已诞生。不过，像三叶虫等被生物学家认为是生命始祖的生物，却是出现在显生元的。

塔克拉玛干沙漠所在的塔里木地台，形成于10多亿年前的元古代，即显生元第一个地质年代——古生代前的一个地质年代。在元古代中期，塔里木地台在造山运动作用下进一步增生扩大，出现高低悬殊的地貌景观。后来在剥蚀作用下，地台的东北、西北、西南的边缘和地台内部。由于张力而裂开，发生了强烈的沉降。这时，古亚细亚洋海水，趁势由东、西两个方向进入塔里木地台上的裂谷盆地，形成大面积海区，开始是在现今的尉犁——库鲁克塔格、柯坪东——阿瓦提、英吉沙——和田这几片，后来发展为塔里木北部和西南部两大海域。

6亿年前，在地球进入显生元的第一个地质年代——古生代后，塔里木盆地海域进一步扩大，如今的塔克拉玛干大部分被海水淹没，形成一个统一的塔里木海。塔里木海甚至一度淹没到现今的阿尔金山东段。至距今四五亿年的奥陶纪初期，海域范围达到古生代早期的顶峰，甚至殃及昆仑山东段。此时的塔里木海在东西南北各个方向上均与外海相通，陆地只有一些狭小的孤岛和半岛。而从奥陶纪中期，塔里木海开始自南向北地后退，出现较大面积的浅海盆地。到奥陶纪晚期，塔里木海更明显减小，从柯坪至塔中一线升为陆地。接着，出现了新的造陆运动，进一步促进了海、陆分布格局的变化。此时，海水仅滞留于盆地北部。至距今3.5亿~4亿年的泥盆纪中期，海水大规模向西退却，到了泥盆纪晚期，塔里木大部分已变为陆地。但是，大海也不甘心至此退出塔里木，在距今2.7~3.5亿年的石炭纪早期，它又卷土重来，重新淹没了几乎整个塔里木盆地，延续了几千万年，至石炭纪晚期开始大规模地退却。又经历了几次的反复，至古生代最后一个地质年代，距今2.5~2.7亿年的二叠纪晚期，海水全部退出塔里木盆地，塔里木盆地正式进入大陆盆地发展阶段。

到了距今0.7~2.25亿年的显生元第二个地质年代——中生代，塔里木盆地基本以大陆环境为主。在盆地内的地堑区，即地层断裂下陷的地区，则有大型淡水浅水湖泊存在。由于气候转向暖湿。降雨增加，河流活跃，沉积范围也进一步扩大。尽管在距今七八千万年的白垩纪晚期，又出现反复的海进、海退，在西塔里木形成袋状海湾，但整个盆地渐趋干旱已基本定局。

从7000万年前开始的新生代，成为塔里木趋向现代格局的地质年代。尽管在早期，在西塔里木仍然海进、海退频繁，而东塔里木却成为大陆剥蚀区，为新生代第一纪——第三纪晚期的大规模沉积活动准备了丰富的物质来源。随着喜马拉雅造山运动的波及和影响，盆地周围山体急剧抬升，河流广泛发育，将山区风化剥蚀物搬运到盆地中心，奠定了今天的塔克拉玛干沙漠。

关于塔克拉玛干沙漠的年龄，有过许多的说法。我国权威的沙漠学家、前中国科学院兰州沙漠研究所所长朱震达研究员认为，塔克拉玛干沙漠是第四纪中更新世以来形成和发育的，也就是说只有14万年的历史。这种认识在很长一段时间被绝大多数学者所接受和认同。而20世纪80年代以来，一些石油地质学家和古生物学家却提出了不同的意见，他们认为塔克拉玛干沙漠在第三纪中新世或上新世即已形成，将沙漠年龄一下提高到100～2500万年，他们中保守一些的人也认为塔克拉玛干沙漠至少形成于第四纪早更新世，距今也有120万年之久。不过，也有少数人认为，塔克拉玛干沙漠是在第四纪晚更新世末，甚至全新世时才形成的，沙漠年龄不过一两万年。

这几种说法所判断的塔克拉玛干沙漠的年龄，从1万年到2000多万年，相差了2000多倍，谁的说法更准确一些呢？沙漠环境的形成、演化与沙漠地貌所处的发育阶段是有区别的。前者的年代可以很早，而后者则因地貌发育阶段不同，年龄差异可以很大。例如，塔克拉玛干沙漠中的丝路、城镇，当年都是处于沙漠环境之中，但它们的所在地还不能称为沙漠，否则就不会在那里建设城镇了。而废弃后，许多已为风沙掩埋，沦为真正的沙漠，其形成、发育史也就不过区区几百年至上千年。此外，由于形成原因不同，即使在同一个地区，也可能有多次的沙漠发育史，但是，此沙漠已非彼沙漠。塔克拉玛干沙漠的两个大的发育期，就是两个性质完全不同的沙漠，在沙漠的基质、外貌上都有很大的不同。

董光荣先生提出的上限，延伸到了中生代最后一个纪——白垩纪的晚期，距今9750～6500百万年，此时在塔里木盆地的河岸、湖岸、海滨，已有零星沙漠的分布，在进入新生代第三纪后，沙漠进一步扩展、活化。进入第四纪后，沙漠反而开始缩小，直到距今14万年的中更新世以后，风成亚沙土广泛发育，沙漠随之进一步扩大。尽管10多万年来，沙漠的发育经历了多次的反复，但总的趋势是处于扩展之中，最终形成今日的格局。

为了清晰说明塔克拉玛干沙漠的变迁史，董光荣将塔克拉玛干沙漠的形成发育分为前第四纪时期和第四纪时期。前第四纪通俗地说就是第四纪以前的一段时期，包括了中生代白垩纪晚期和新生代第三纪，时间跨度为9500万年。第四纪时期的时间跨度则为250万年。

在前第四纪时期，出现了全球性气温下降，塔克拉玛干地区由亚热带、热带环境转为亚热带——暖温带环境，气候进一步干旱，植被也逐渐由稀树草原转变为荒漠草原，沙漠也逐步形成，性质上是以固定、半固定的草原型沙漠，由于沉积物多为紫红或棕红的富含石膏、芒硝和钙结核的物质，沙漠外观以红色为基调，故称为红色沙漠期。

随着气温的进一步下降，进入第四纪以后，塔克拉玛干气候转为温带环境，随冰期的波动变化于暖温带至寒温带间。干旱的趋势进一步发展，形成暖干与冷干的气候组合，以"干"为基本特色。与地球其他地区，如季风区的暖湿、冷干组合，西风区的冷湿、暖干组合迥然不同，表明了本区的干旱特色。此时的沙漠，由草原型转化为荒漠型，流沙逐渐增多，规模也不断扩大。由于提供沉积的风成沙和原生风成亚沙土色泽棕黄，使沙漠呈现了黄色的主体色调，所以又称为黄色沙漠期。

认为塔克拉玛干沙漠是全新世以来形成的观点，也不是完全没有道理的。据对塔克拉玛干沙漠腹地流动沙丘下地层采集的石英沙的年代测定，证明在全新世早期，在沙漠腹地出现过大范围的河湖沉积，此时的沙漠应处于收缩和向固定化转化的阶段。到全新世中期以后，随风力活动的加强，风沙堆积进入旺盛时期，现代的高大流动沙丘也就是在这一时期形成的，距今也就是四五千年。在塔里木河故道上的大片沙丘，甚至只有500年的形成历史。

据此我们可以认为，就沙漠形成的历史来说，塔克拉玛干沙漠是古老的，具有近亿年的历史；而就现代沙丘的形成来说，塔克拉玛干沙漠又是年轻的。

甘肃省大旱灾之谜

我国几乎每年都有发生干旱的地方，干旱能导致上万人无家可归。例如，在20世纪20年代末期我国甘肃省发生的大干旱中，就导致无数人死亡，流离失所。

1928年的大旱，让东至陇东，西到河西，南起洮岷，北达宁夏，甘肃一共50多个县都没有逃脱干旱的魔掌。其中，甘谷、武山等16个县的灾情最为严重。

1927年冬天这些地方一直都没有下雨，一直到1928年7月份，还是没有一滴雨降临。

所有人时刻热烈盼望着有一丝雨能从天上落下来，但是人们却发现烈日似乎永远不会下落，一天一天地散射着酷烈的阳光。农民对日渐枯黄的庄稼毫无办法，只得计划在秋收以后四处逃荒，也许可以躲开这场无法预知结束日期的灾难。

1927年，甘肃地区的灾民储存的粮食本就没有多少。干旱以后，他们整日祈盼着老天可以睁开眼睛，掉下一滴眼泪拯救百万苍生。但是秋收以后，情况并没有发生好转。由于在整个夏日，空气干燥而炎热。在烈日的照耀下，几米甚至十几米的土层都晒干透了。庄稼由于缺水而大多干枯，没有枯萎的也从未结出果实。即便结了果实，也仅仅是一层干掉的外壳，可以吃的部分几乎就没有！

在村子里的人越来越少，而村外的坟地里坟头却与日俱增。每个烟囱里都很难看到飘出做饭的炊烟。每日里，都有人死去。渐渐的，村子里变得一片凄凉，人烟灭绝。

村口路旁，人们会随时看到不断倒下的瘦得皮包骨头一样的尸体。神情呆滞的人机械地迈过刚刚死去的人，他们的脸和四肢都十分的脏，衣服到处

△ 可怕的旱灾

是口子。在母亲怀里赤身的儿童活像一具干瘪的僵尸，只是偶尔转动的眼珠说明他还活着。

　　据统计，1928年一年，甘肃大旱造成的人员死亡高达7万人，这还并没有计算1926年至1927年人口死亡的数目。成千上万的人在这场干旱中死去，可是究竟死了多少人却没有人可以计算清楚。但是什么原因造成这场大旱的呢？为何从1926年甘肃地区就开始不下雨了呢？这在当时并没有科学的解释。

陕西三年大旱灾引起的沉思

1928年到1930年，在由黄土累积而成的黄土高原上，除了偶尔可以看见没有了树皮和树叶光溜溜的树干，几乎看不到一棵植物。大地在太阳的炙烤下，曾经热闹的村镇变得甚是凄凉；许多的院落里落满了灰尘，一片萧条，荒无人烟；低矮的窑洞里有的空无一人，有的则有尸体躺在床上。这在那时已经不足为奇，野外，黄土漫漫，看不尽的是连绵的坟地。

在荒凉的村镇道路上，疲惫不堪、蓬头垢面的人们像蜗牛一样挪动着步子。这里面有骨瘦如柴的孩子，衣衫褴褛的女人，挑着破锅的瘦骨嶙峋的男人。在如此悲惨的境地，居然还有强盗来抢劫，这些靠抢劫生活的人骑着马追赶捕捉稍稍看得上眼的妇女儿童，只要捉到就将被他们扔到马上，然后一声呼哨，人马扬长而去，身后留下惊天动地的哭声和喊声。

3年里，连一向山清水绿有"陕北江南"之称的汉中地区也难逃厄运，以至粮食减产，甚至颗粒无收。而在关中地区干旱情况更加的严重。早在1928年3月，关中地区就已经进入持续的高温和干燥，但是这一带经常是"十有九旱"。这里的农民认为只要熬过三伏酷暑，一定会有一场畅快淋漓的大雨来缓解旱情，这时候就可以耕种了。但是直到1928年底，也没有下一丝雨。当地水量最充沛的漯河也渐渐干涸变浅，干燥的土地，遍布着龟裂的伤口。这样干旱日子一直持续到1930年初，虽然当时连降6场大雪，春雨也随之而来，但是持续2年的大旱已经使灾民失去了种子和牲畜，饥饿让他们无法等待新的粮食生产出来。

陕西最贫困的陕北20多个县也陷入更加可怕的旱灾中。自1928年进入大旱后，山西方面由于也受灾害影响而无法对陕西提供救济。所以从干旱一开始，陕北就陷入了一片恐慌之中。75万人口急剧下降，到1929年5月，就只剩下30万人了。随着旱灾的持续，也让"五色怪鼠"变成了灾害。这些满身五彩斑斓的老鼠行动十分迅速凶猛，而且个头还十分大，在白天里就敢四处穿梭，连它们的天敌看到它们都唯恐避之不及。它们成群结队地出现，盗走人们的粮食，还引发了致命的鼠疫。许多灾民浑身长出了结核，脓肿溃烂，血肉模糊，最后惨死。由于缺医少药，加上饥弱贫困，疾病迅速蔓延，一发不可收拾。直到1931年的12月份，这场疫患才勉强得以控制。

大旱的3年里，粮食价格急速上升，即便是炸完油剩下的油渣也成为"美味珍品"。但土地、牲畜、木材等非粮食产品却急剧下滑。有的集市，7元钱就可以买到3头毛驴，土地甚至卖到三四角都没有人要！

为了买到食物，许多灾民可谓是倾家荡产，当一切都卖完时，就开始卖人。由于粮食极度匮乏，人们不得不吃树皮、树叶、草根、棉籽……只要能够入口的都成为了"粮食"。大片大片的野草由于过度挖掘已经不能再长出来了。许多人因为误吞了泥土和毒草而毙命。当没有了可以代替粮食的东西，竟然还出现了人吃人的最凄惨的景象！

在灾荒的第二个年头，国民党在陕西省政府成立了赈务会，发放了200多万元的赈济款。但是这对600万灾民来说无疑是杯水车薪。而且长久以来国民党政府指派的各种苛捐杂税并没有因灾荒而得到减免，相反倒提前预征3年。再加上军队横行、土匪霸道，更令陕西灾民们痛苦不堪，几欲求死。

3年的大旱大荒，据不完全统计陕西250多万人饿病而死，600多万人流离失所，40余万人逃荒他乡。

天灾人祸孰轻孰重一直是人们讨论的问题，但当同时发生时又该怎么办呢？在干旱面前，人类的力量还是十分微弱的，如何解决干旱问题还需要人们进一步研究。

风动石之谜

风光旖旎的福建东山岛位于福建省东南部，与涌泉的南宋古井所在地广东汕头市外的南澳岛相邻，面向台湾海峡，与台湾岛隔海相望。

东山岛的闻名，除了美丽的热带海滨风光外，还因为岛上有一块天造地设的奇石——风动石，自古以来名扬中外，被誉为"天下第一奇石"。风动石，石高4.73米，宽4.57米，长4.69米，重200多吨，形似一只硕大的雄兔，斜立于一块卧地盘石上，两石吻合点仅有数寸见方。

如果仅仅停留于此，风动石就毫无神奇可言。飞来石、飞来峰、黄山的猴子观海、夹扁石等，无根无踪，兀自屹立的奇石怪峰屡见不鲜，其形状之俊秀，地势之险峻，皆不让风动石。

奇妙的是，每当海风从烟波浩瀚的台湾海峡吹来的时候，强劲的风流使风动石微微晃动，令人看了岌岌可危，实际上却安然无恙。风停息后，风动石也随之平稳如初。蔚为奇观的风动石因此得名。慕名来此的中外游客常在石头下背向大海，仰头观石，此石恰似悬空摇篮，随风向摇摇欲坠，令人提心吊胆，给平淡的旅游生活增添了探险的无穷乐趣。

风动石不仅在风的吹拂下可以摇晃，而且人力也能使其晃动。古往今来，不知有多少探奇访胜的游人，或合力以双手推之，或运气以两足蹬之，都只能使它摇晃，而不至翻倒。

如果找来瓦片置于石下，选择适当的位置，一个人就能把这硕大无朋的奇石轻轻摇动起来。此时，瓦片"咯咯"作响，须臾间化为齑粉，奇石摇动的轨迹可以明显地被观众捕捉下来。

有时，来到这里的游客兴致勃勃，常常仰卧地上，举起双足，蹬住奇石，犹如杂技中"蹬坛"的技术动作，口喊"一、二、三"，双腿一运力，只见偌大的奇石前后晃动，颠簸不止。

△ 风动石

　　这块奇石是如何形成的呢？众说纷纭，莫衷一是。有人猜想它是外星人抛下的石玩，让地球上的人类开开眼界。现在人类已经可以直接采集月球上的石头，还准备向火星进军，可仅仅是几十年前，我们所能见到的唯一来自地球以外的石头只是天上落下的陨石。陨石其实是没有完全烧毁的流星，掉在地面上，有纯铁质的，即陨铁；纯石质的，即陨石；还有铁质石质混合的。陨石落在地球表面，一般是孤零单个，在地面砸成大坑。很难想象如此奇妙的风动石是怎样形成的。这一说法不过是猜疑而已，缺乏科学论证。

大陆漂移的奥妙

我们脚下的陆地会移动吗？

自古以来，人们都以为地球上的大陆和海洋的位置是固定不变的，只会有上下升降变化。然而，1910年的一天，气象学家魏格纳在养病期间，当他专心致志地凝视着一幅世界地图时，惊奇地发现：大西洋西岸、南美洲的巴西东北角凸进来的地方，恰巧能嵌进大西洋东岸、非洲的几内亚湾凹进去的地方。也就是说如果把欧洲和非洲大陆的西海岸与南北美洲大陆东海岸拼在一起，就能拼成一个大致吻合的整体。

这难道是偶然的巧合吗？

△ 魏格纳

由此，魏格纳经过2年的研究，提出一个观点：在很久以前，世界上现在的美洲、非洲、欧洲、亚洲、大洋洲和南极地区，都是连在一起的，后来这块大陆慢慢裂开，逐渐形成了现在的样子。在魏格纳之后，许多科学家又发现了许多证据证明魏格纳的观点是正确的。譬如，在大西洋海底中央挺拔着一条绵亘万里的巨大山脉，宽约1500～2000公里，相对高度达1000～3000米，科学家将其称为"大西洋中脊"。在"大西洋中脊"中央，又相伴出现了一条裂谷，在这条裂谷的狭谷中，科学家发现了"地球被撕裂的伤口"——一个不断溢出黏稠岩浆的地方。

现在的非洲与南美洲，远隔大西洋3000多公里。但是有一种早已灭绝了的叫"中龙"的爬行动物，它们的化石在南美的巴西和非洲的南非的同时代地层中均被发现，而且一模一样。这种"中龙"只习惯栖于淡水湖沼地带，根本没有远涉重洋的本领。现在，已有许多科学家相信魏格纳的观点。有趣的是，有的科学家还绘制了840万年之后的世界海陆分布图，在这张地图上，意大利、希腊、埃及、以色列、沙特阿拉伯等将从大陆上消失；在澳大利亚北部将诞生一个新的大陆；澳大利亚、新西兰、新几内亚、日本却可能连成一体。这只有待800万年之后由我们的子孙后代来检验其准确性了。尽管魏格纳的观点被许多人接受，但它还只能算是科学假说，因为有一个关键问题还没有解决：重达1000亿亿吨的六块大陆，究竟是来自哪里的力驱动它们漂移？因此大陆为什么会漂移，至今仍是一个自然之谜。

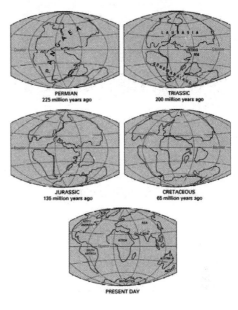

△ 大陆漂移说

通古斯大爆炸之谜

俗话说，天有不测风云。1908年6月3日晨，在俄罗斯西伯利亚的通古斯地区发生了一次惊天动地的大爆炸。

当天，在瓦纳瓦拉北50公里的森林上空突然出现一个大火球，伴随着噼里啪啦的怪声，这个火球拖着长长的尾巴伏冲下来。这突如其来的景象使人们都惊呆了。接着人们看到巨大的火柱直冲云霄，慢慢地又变成黑色的蘑菇云；同时，人们还感到灼人的热浪迎面扑来。这热浪如此厉害，以至使人倒地而爬不起来。据后来调查得知：在距火球400公里范围内，强有力的冲击波推倒了墙壁并席卷了屋顶。在距火球800公里范围内，有一火车正在行驶，震耳欲聋的爆炸声惊骇了旅客，他们几乎被掀了起来，火车也受到强烈的震撼。距火球1500公里的范围内，人们都能看到火球的坠落。大爆炸产生了极大震动，欧美地震仪都记录到它的震动，地磁仪也受到明显干扰。爆炸的当量相当于1000万吨TNT炸药，它使爆心地区有6万株大树倒下，1500只驯鹿被击死。

1927年，苏联科学院派出探险队赴通古斯地区考察。最初，当地人都不愿做向导，原因是他们认为这是恶魔造成的灾难，是为了惩罚人类。库利克教授认为，这是陨石造成的。但他在调查过程中未发现陨石坑，也未发现一片碎陨石块。尽管他一直坚持己见，但是没有证据。第二次世界大战时，他死于德国战俘营。1958年，苏联又派出考察队赴通古斯调查，但调查结果仍难下定论。到1969年，有人统计过探讨通古斯大爆炸的作品：科学论文180篇、普通文章940篇、小说60部，还有许多报道、诗歌、影视作品等。其中有代表性的说法是：核爆炸说。这是科幻作家卡尔萨夫提出的，他认为是火星人驾核动力飞船进入大气层失事造成的。激光通信说，这是科幻作家阿尔特夫提出的。1883年，印尼一次火山爆发发出了强电磁信号，处在天鹅座61

△ 通古斯大爆炸遗址

号星的"人"经过11年收到信号，就马上与地球人联系，他们的激光信号太强，尽管对于他们来说是抽上一条线的伤痕，但对于我们却是一场灾难。

黑洞说。这是美国科学家杰克逊和瑞安于1973年提出的。一粒像石榴子大小的黑洞穿过地球，在进入大气层时，由于它的速度高、质量大，造成了巨大的冲击波。

反物质说。加拿大辛哈博士于1974年提出反物质陨石与地球的物质湮灭而引起爆炸的说法。

彗星说。多数苏联科学家倾向于此。彗星核以极高速度闯入大气层而造成爆炸。有些科学家甚至认为是恩克彗星碎片闯入大气层。

小行星说。这是美国的三位科学家于1992年提出的。这么多的解释没有一种能自圆其说。这次爆炸至今已快100年了，仍是一个难解之谜。

突如其来的奇云怪雨之谜

　　1984年4月9日，当地时间23点6分，一架日航商业飞机正在飞越日本东海岸以外400千米的北太平洋上空，方位是北纬38.5°、东经146°。突然，机长发现机身下面的云层里升起一团巨大的蘑菇云，瞬间，云团蔓延，厚度达6000多英尺，直径为200千米。机长大惊失色，以为这边发生了核爆炸，急忙命令全体乘员戴上氧气罩，并向地面发出了呼救信号。不久后，飞机在附近一空军基地降落。经检查，机身上没有核爆炸产生的放射性污染，所有仪器也安然无恙。当晚，又有两架飞机路经此地上空，飞行员们也亲眼目睹了这团已纵横320千米的云团。

　　此事引起了各方关注。美国国防部、前联邦航空公司和日本防务省争先恐后地进行了调查。结果否定核爆炸的可能，对臭氧层中二氧化硫的测定也未发现异常，所以也排除了海底火山爆发的可能性。那么，奇怪的蘑菇云是从何而来的呢？

　　我国新疆米泉县的甘泉堡，历来多风沙，很少降雨。但在1975年9月7日凌晨4点多钟，甘泉堡的一条干沟中却下起了暴雨，而四周却是晴空。据目击者回忆，先是响起了一阵暴雷，紧接着倾盆大雨便从天而降，大雨下了大约10分钟。5点左右干沟洪水猛涨，倾泻而下，冲走了几十斤重的大石头和许多防洪物资。居住在于沟附近的知识青年也稀里糊涂地成了这次暴雨的受害者。为什么沟外天空晴朗，沟内却会大雨滂沱呢？

　　气象学家试图找出奇云怪雨的答案，结果至今众说纷纭，谁也说服不了谁。

盎然怒放的树挂之谜

树挂在气象上叫雾凇，为我国四大奇观之一。有句俗话说，"夜看雾，晨看挂，待到近午赏落花"，说的便是树挂从无到有，从有到无的过程。树挂奇观让无数游人神往，而最为著名的欣赏树挂的胜地就有吉林、庐山、黄山等地，其中尤以"吉林雾凇天下奇"。

树挂是一种附着于地面物体（如树枝、电线）迎风而上的白色或乳白色不透明冰层。它也是由过冷水滴凝结而成。不过，这些过冷水滴不是从天上掉下来的，而是浮在气流中由风携带来的。这种水滴要比形成雨凇的雨要小许多，称为雾滴，实际上也就是组成云的云滴。当它们撞击地物表面后会迅速冻结。由于树挂中雾滴与雾滴间空隙很多，因此树挂呈完全不透明的白色。树挂轻盈洁白，附着在树木物体上，宛如琼树银花，清秀雅致。

现代人对树挂这一自然景观有许多更为形象的叫法。因为它美丽皎洁，晶莹闪烁，像盎然怒放的花儿，被称为"冰花"；因为它在凛冽寒流席卷大地、万物失去生机之时，像高山上的雪莲，凌霜傲雪，在斗寒中盛开，韵味浓郁，被称为"傲霜花"；因为它是大自然赋予人类的精美艺术品，好似"琼楼玉宇"，寓意深邃，为人类带来美意延年的美好情愫，被称为"琼花"；因为它像气势磅礴的落雪挂满枝头，把神州点缀得繁花似锦，景观壮丽迷人，成为北国风光之最，它使人心旷神怡，激起各界文人骚客的雅兴，吟诗绘画，抒发情怀，被称为"雪柳"。

树挂一般分粒状雾凇和晶状雾凇两类。粒状雾凇，又叫密雾凇。它是由过冷雾滴、水滴随风移动，遇到物体时迅速凝结而成。这类雾凇由一些起伏不平的小冰球重叠而成，呈白雪状，密度大，能较牢固地附着在物体上，因此这类雾凇易使电线、树枝堕断，造成灾害。另一类晶雾凇，又叫疏雾凇，是由于天气严寒，致使空气呈过饱和状态，水汽直接凝华而成（气态直接变成固态，不经过液态的物理过程，气象上叫凝华）。这种疏雾凇由无数小冰晶连接而成，晴天、微风、降温强、雾滴小时有利它的产生；一般增长速度慢、密度小，结构疏松。

树挂不是经常出现。从入冬开始，10～12月只出现数天，进入"数九寒天"以后才超过10天。过了春节，树挂出现的次数便逐渐减少，3月还有数天可见树挂，4月气温上升至摄氏零度以上时，树挂就更罕见。根据统计，在冬季树挂通常出现30天左右。

树挂不仅造就难得的自然风景，而且还有许多改善环境的奇妙功能：一是净化空气。空气中存在着肉眼看不见的大量微粒，其直径大部分在2.5微米以下，约相当于人类头发丝直径的1/40，悬浮在空气中，危害人的健康。树挂初始阶段的凇附，吸附微粒沉降到大地，能起到空气"清洁器"的作用；二是增加负氧离子。所谓负氧离子，是指在一定条件下，带负电的离子与中性的原子结合，这种多带负离子的原子就是负氧离子。负氧离子有消尘灭菌、促进新陈代谢和加速血液循环等功能，可调整神经，提高人体免疫力和体质。在出现浓密树挂时，水滴分裂蒸发大量水汽，形成了"喷电效应"，因而促进了空气离子4t，也就是在有雾凇时，负氧离子增多；三是消除噪声。噪声使人烦躁、疲惫、精力分散，直接影响人们的健康。由于树挂具有浓厚、结构疏松、密度小、空隙度高的特点，因此对音波反射率很低，能吸收和容纳大量音波。所以，人们在形成树挂的树林里会感到空气特别清新、环境特别幽静，就是这个道理。

六月里的飞雪之谜

在关汉卿的经典戏剧《窦娥冤》中，主人公窦娥在临刑前起三件怨誓：一是血溅白练；二是六月飞雪；三是天下天旱三年。刽子手起头落，霎时间北风卷地，6月间下起了漫天鹅毛大雪，呼啸而至。

有人认为这些故事是虚构的，何况农历6月正值盛夏，烈日当空，人人淌汗，6月下雪是不可能的。但事实并非如此，6月下雪仍然是有可能的。因为高空是很寒冷的，云中的小水滴一年四季都可能以冰晶的形式存在，夏季下冰雹就是一个证明。

1987年7月14日，苏联吉尔吉斯共和国部分地区下了一场大雪，雪厚达40～45厘米，使许多农庄、农场陷入困境。

1986年6月23日，苏联阿塞拜疆共和国连续下了3天大雪。大雪之前，该地区曾遭受30℃热浪的袭击。大雪覆盖了全部庄稼，深3厘米。格鲁吉亚共和国部分地区也受寒潮袭击，大片庄稼遭到破坏。

那么，在我国中原地区有没有出现过"六月雪"呢？回答也是肯定的。

1987年6月9日，张家口地区气温骤降，先是下小雨，继之飘起大雪，气温降至−6.5℃。大雪覆盖了农田，作物都被冻死。有一家农户饲养的羊，一夜间冻死了十几只。羊本来是耐寒动物，只是由于天气已入夏，其身体已适应较高气温，突然遭到寒流袭击，一时难以适应，所以被冻死。

据上海《新民晚报》报道，1987年8月18日下午3时40分，上海市区曾飘过小雪花。当天是农历闰6月24日。

据《华东地区近500年气候历史资料》记载，自公元1470年至今的500多年间，该地区在6月出现下雪、霜冻、寒潮等大冷天气的有48年53次，其中出现"六月雪"的有42年45次。如果不算1987年上海那次"六月雪"，上一次6月霜冻天气出现在1948年；在福建莆田的常太、游洋一带6月出现了霜灾。最

△ 树挂

后一次"六月雪"出现在1901年；上海嘉定县那年6月14日大风雪昼夜不停。此外，在这500年间，华东地区出现过两次比较大的"六月雪"：1653年，江西抚州金溪出现"六月大雪"；1867年，安徽六安东南部出现"六月雪"，深3厘米多。"六月雪"虽然罕见，但它不是无缘无故地发生的，而是有原因可找的。产生"六月雪"的直接原因，多半是夏季高空有较强的冷平流。例如，1980年莫斯科的"六月雪"，就是由于斯堪的纳维亚北部寒流的入侵所致。拿上海1987年那次"六月雪"来说，8月18日那天，在上海3000～5000米上空，有一股气温为−7℃～4℃的高空冷平流，而地面则有充沛的上升水汽，二者相遇便导致了这场"六月雪"的发生。也有专家认为"六月雪"的产生与可导致气候异常的太阳活动、洋流变化、火山爆发等因素有关。

以中原地区的居民来说，六月飞雪是奇谈，但对藏族同胞来说，却又是司空见惯的事。在青藏高原地区，虽然是六七月天，大雪说下就下。天气多变，冷暖无常，这是高原大陆性气候的特点。

白茫茫的雾之谜

雾是悬浮于近地面层中的大量水滴或冰晶，使水平能见度小于1000米的现象。

雾可以分为多种，常见的有辐射雾和平流雾。辐射雾是地面空气因夜间辐射散热冷却达到水汽饱和状态后形成的，这种雾大多出现在晴朗、微风、近地面水汽又比较充沛的夜间或早晨。平流雾是由于空气的水平运动造成的。

雾的形成有两个基本条件：一是近地面空气中的水蒸气含量充沛；二是地面气温低。秋冬季节，由于北方来的冷空气与南方来的暖湿空气经常在我国大陆交会，在其交界处极易出现雨雾蒙蒙的天气。雾像一把"双刃剑"，于无声处给人们带来不少危害。

雾是交通运输的"无情杀手"。出现浓雾时，眼前白茫茫一片，能见度很差，有时只能看到几米、几十米远的地方，使近地面阴霾低沉，视野模糊不清，这样的大雾对高速公路来说，被称为无情杀手一点也不过分。据统计，高速公路上因雾等恶劣天气造成的交通事故，占总事故的1/4左右。对于航空，更是如此。为了旅客安全，遇有大雾天气，不得不关闭机场。据历史资料统计，国内航班不能正常起降，因雾的影响占78.9%，国外航班占57%。江河航运也深受雾的"毒害"。2000年6月22日，四川合江县"榕建号"客船，由于严重超载，冒雾航行和违章操作，倾覆长江，130人死亡，酿成震惊全国的"6.22"惨案。

雾，看似温和，无声无息，来去匆匆，然而对电力网的危害却胜过万钧雷霆。大雾由于湿度大，极易破坏高压输电线路的瓷瓶绝缘，造成污闪频发，电网解裂，大面积停电。近10多年来，在华北地区和东北地区均发生过由大雾造成的"污闪"，电网解裂，大面积停电事故，给人们生产、生活带来严重影响。

雾对农业生产也有不利影响。长时间的大雾遮蔽了日光，妨碍了农作物的呼吸作用和光合作用，使作物对碳水化合物的储量减少，农作物就变得衰弱了。来自日光的紫外线因雾滴而减少，容易使作物受病虫害的危害。多雾的地区，日光照射时间不足，会使作物延迟开花，生长不良，从而影响或减低产品的质量和产量。酸雾还能夺走马尾松针叶中的正负离子，破坏叶绿素；针叶上的雾滴还堵塞气孔，影响气体交换、叶片蒸腾等。

大雾属于灾害性天气，雾和空气中的污染物质结合在一起还会对人的身体健康带来很大的危害。近年来，由于气候变暖，气温升高，大气中的水汽含量增加以及人类活动造成的大气中污染物增加，促使水汽凝结的凝结核随之增加，故雾的发生频率和强度趋于增加。弥漫在空中的雾滴往往会带有细菌、病毒，还影响城市污染物扩散，甚至加重二氧化硫等物质的毒性，因而大雾天气人们应当减少外出，更不要在有雾的天气中进行锻炼，以免更多地呼吸到雾中的有害物质，对健康造成危害。

当然了，与其他天气现象一样，雾也不是一无是处。雾是大自然的化妆师，由它塑造出的自然美景，尤其是高山雾景已经成为重要的旅游资源。如黄山云雾与奇松、怪石、温泉一并称为黄山四绝。高山云雾不仅出美景，还可产好茶。茶树具有喜温、湿，耐阴的物性，生长时要求相对湿度为80～90％，年降雨量在1500～2000毫米，且要求雨量分布均匀。我国南方一些山地，常年云雾缭绕，空气湿度大，水汽滋润，昼夜温差大，这样的气象条件适宜茶树生长，因而有"名山出名茶"一说。雾还能净化空气，大雾过后，如你到室外，会感到空气变得清新，这是因为空气中的烟粒、尘埃等被雾滴移走消散，如同雨雪过后使具有杂质的空气被冲洗过一样，使空气得到了净化。

印度洋海啸为何发生

海啸是一种具有强大破坏力的海浪。当地震发生于海底，因震波的动力而引起海水剧烈的起伏，形成强大的波浪，向前排进，将沿海地带一一淹没的灾害。

2004年12月26日，印度尼西亚苏门答腊岛发生地震引发大规模海啸，造成重大的人员伤亡。据统计，已有超过30万人死亡，这可能是近2个世纪以来死伤最为惨重的海啸灾难。海啸发生后，人们纷纷研究海啸发生和造成这么惨重损失的原因，一时间各种猜测横空出世。

阴谋论。阴谋论者认为是一种绝密生态武器的实验引起了地震，这种绝密武器可以通过电磁波控制地震的发生，从而引起海啸。他们认为印度、美国等国预先知道即将发生海啸，却不予以制止，似乎在掩盖什么。因为发生海啸前，美国曾经接到海啸警报，但是美国只是向它在印度洋的军事基地发出了警告，并没有向亚洲国家发出警报，因此美国的军事基地在那场海啸中没有受到损失。有人便问，为什么美国官方对这场即将来到的毁灭性灾难保持缄默呢？但是科学家说世界上还没有一种生态武器可以引起地震或强烈的海啸。而印度洋海啸是由于板块断裂，造成了地震，引发海啸的。况且，人为操纵的爆炸和地震之间有着天壤之别，因此阴谋论根本是无根据之说。

人为原因。科学家对损失惨重的斯里兰卡附近海域进行研究后称，印度洋海啸之所以造成如此大的伤亡与当地珊瑚被大量非法盗走与开采有关。因为珊瑚礁可以有效阻止海浪的冲击并使其明显降低高度，但是斯里兰卡西南部的珊瑚礁群基本上都被破坏，失去了天然的"围墙"，海啸引发的滔天巨浪就可以"乘虚而入"了。而在印度洋沿岸珊瑚礁保护较好的岛屿却没有受到特别惨重的损失。因此有人说，珊瑚礁被破坏是印度洋海啸造成重大灾难的一个原因。此外，为了吸引旅游，很多的房屋建筑被建在离海岸较近的地

△ 印度洋海啸过后

方，这也让一些看到海啸的人来不及逃脱而被海浪吞没。

地层骤裂，巨能骤释。科学家研究发现，引发印度洋海啸的直接原因是印度洋板块和亚洲板块相互挤压，引发强烈地震；地震又使地层断裂，巨大的能量骤然爆发出来，从而引起了海啸。

有人说印度洋海啸的发生是给人类的提示，如果当时印度拥有较为完善的海啸预报系统，就不会造成这么惨重的损失了。印度洋海啸虽然距今已有4年的时间了，但留给人们的是永远无法忘却的血的回忆，也是永远被记住的人类空前的一场灾难，它时刻提醒着我们要善待自然。

横扫美国的"卡特里娜"飓风之谜

　　台风和飓风都是产生于热带洋面上的一种强烈的热带气旋，因发生的地点不同而叫法不同，在美国一带称"飓风"，在菲律宾、中国、日本、东亚一带叫"台风"，在南半球称"旋风"。

　　2005年以来，大西洋上共形成了26次热带风暴，横扫全球，其中14次威力达到飓风级强度，无情地冲击着沿岸各国，特别是给美国南部及中美地区带来严重灾难。

　　8月25日，"卡特里娜"飓风横扫美国佛罗里达州及墨西哥湾沿海地区。飓风夹着暴雨，肆虐在海滨城市街道间，所经之处，电力中断，道路淹没，并使美国新奥尔良市防洪堤决口，市内80%的地区成为一片"汪洋"，造成1200多人死亡。新奥尔良市所在的墨西哥湾地区是产油区，占美国国内原油生产能力的35%，飓风造成了墨西哥湾附近1/3以上油田被迫关闭，七座炼油厂和一座美国重要原油出口设施也不得不暂时停工。上万名灾民躲在新奥尔良的超级穹顶体育馆和新奥尔良市的会议中心，为了把这些难民疏散到离这里500多千米的休斯敦临时收容所，州政府动用了400多辆公共汽车。这次天灾还引发了人祸，为了抢夺水和粮食，8月31日，一伙抢掠者冲进一家商店，抢走储存在那里的冰块、水和食物。还有的抢掠者劫持了警方装满了食物的卡车。新奥尔良市的一家疗养院原本准备了足够吃10天的食物，但一群人冲进疗养院，把住在那里的80多名坐着轮椅的人撵走后，把食物据为己有。不过，还有很多抢掠者并非因为饥饿作案，新奥尔良市一家医院的停车场里，很多汽车的电池和音响被人偷走。随后美国派出几百名警察进驻新奥尔良市，全面维持近乎瘫痪的秩序。这场大灾难给美国造成经济损失达340多亿美元，成为美国历史上最严重的一次自然灾害。

　　到底是什么原因让飓风越来越"猖獗"了呢？人们几乎把目光同时投向

了全球气候变暖上。

一些科学家认为全球气候变暖可以显著加强台风活动，并且已经导致了更强烈的台风活动。他们的主要依据是：全球热带气旋在过去的30年总体有显著增强的趋势。而且这种趋势与热带气旋发生发展区域的海温升高趋势相吻合；全球热带海温升高似乎是唯一能解释全球强热带气旋（4～5级飓风强度）过去30年在不同海域显著增加的因素；全球热带海温升高可以从理论上说明强热带气旋增加的物理机制；动力模型显示，在全球气候变暖气候背景下，强热带气旋发生频率有增加的趋势。并且他们认为2005年的大西洋飓风的罪魁祸首就是全球气候变暖。美国国家大气科学研究中心的学者认为，20世纪40、50年代热带飓风的不规则性可以解释为自然波动；而20世纪70年代到90年代初，二氧化碳排放量的积累改变了自然轨迹，对大气的影响表现为飓风在数量和强度上的变化。

但也有一部分科学家认为，全球气候变暖对热带气旋的影响没有前者所说的那么明显，至少到目前为止尚无充分的证据表明全球气候变暖已经造成了更多的强热带气旋。他们的主要依据是：30年的资料太短，无法说明长期的热带气旋变化趋势；过去30年强热带气旋增加的趋势可能是观测手段改变和对气旋强度确定过程中所造成的误差的产物；由于全球气候变暖同时使对流层上部增暖等因素，将完全或部分抵消海温增暖对热带气旋的强度变化的影响；当前气候系统的内在周期变化可以解释过去30年的热带气旋频率及强度变化。

有专家认为全球气候变暖对台风活动影响的主要问题是：台风历史资料的记载时间和可靠性还不能满足现在的研究需要，由于可靠的历史资料并没有详细记述，使得这些资料对研究全球气候变暖这样的长过程对台风的影响自然显得十分的牵强。另外，科学界对台风活动强弱的定量计算没有一个公认标准，而对于西太平洋的台风来说，全球气候变暖所引起的哪些气候变化和台风活动有关系还不明确，因此说全球气候变暖对台风有影响这个结论还为时过早。

台风是全世界影响力以及破坏力较大的自然灾害，全世界每年因为台风所造成的经济损失难以估计。

恐怖的菲律宾泥石流之谜

　　泥石流是山区沟谷中，由暴雨、大量的泥沙、石块组成的特殊洪流。冰雪融水等水源激发的，含有其特征往往突然暴发，浑浊的流体沿着陡峻的山沟前推后拥，奔腾咆哮而下，地面为之震动、山谷犹如雷鸣。它能在很短时间内将大量泥沙、石块冲出沟外，在宽阔的堆积区横冲直撞、漫流堆积，常常给人类生命财产造成重大危害。

　　菲律宾是泥石流常发区，使得菲律宾各地经常造成大批的人员死亡或失踪。2006年，在菲律宾中部发生的泥石流灾害中，仅菲律宾吕宋岛东海岸的雷亚尔镇就有306人丧生，152人失踪，许多建筑物被毁。其附近的纳卡尔城也有130多人死亡，100人失踪。在金萨胡冈村，被泥石流毁灭的房屋约有500间，还有一所小学校，当时全校还在上课。据一位名叫达里奥·利巴坦的幸存者回忆说："当时就好像火山爆发一样，所有的一切都被泥石流碾碎了，我看到没有一座房子能继续竖立在原地。"

　　当时菲律宾总统阿罗约在得到台风预报后曾经下令各方都做好应对台风袭击的工作。但是由于谁也没有想到这次台风会是如此严重，当台风袭来时，再加上前一场台风过后留下的泥浆、房屋和桥梁残骸，给菲律宾军方的救灾行动带来了很大困难，一些地区船只和车辆几乎寸步难行，大型的救灾设备无法运进灾区……

　　而造成这次泥石流的原因，据菲律宾科学家调查后认为可能是由于连降的暴雨所致。还有人说是过度砍伐森林所致。据说当年莱特岛连日暴雨使得山体出现了大面积的滑坡，许多大树甚至被连根拔起。菲环保组织曾指责说，非法砍伐森林的活动进一步加剧当地的水土流失，很可能会酿成新的灾难，但是虽然如此，到最后还是酿成了灾难。

　　近年来，由于生态环境日益遭到破坏，全球泥石流暴发次数急剧增加。

△ 菲律宾泥石流

如1970年5月，秘鲁发生里氏7.8级大地震，引发瓦斯卡兰山特大泥石流灾难，使秘鲁容加依城全部被毁，近7万人丧生。1998年5月，意大利那不勒斯等地突遭罕见的泥石流灾难，造成100多人死亡，2000多人无家可归。如果说以上两次的泥石流是难以预料的，但是1985年11月哥伦比亚鲁伊斯火山泥石流的暴发则是早有预兆，但是人类还是难逃厄运。据说在鲁伊斯火山喷发的一年前，当地就已经出现了异常现象，一些专家指出，火山喷发很可能造成大面积的泥石流。但是政府却未能引起重视，以至于当鲁伊斯火山喷发时，泥石流瞬间将距离50千米外的阿美罗镇吞没，造成2.3万人死亡，13万人无家可归。但是也有人说虽然这些专家的预言在后来被证明是正确的，但在当时没有人相信也是情有可原的，因为预报泥石流的机制和方法至今仍不完善。

由于泥石流属于较大型的自然灾害之一，故人们还无法控制泥石流的发生，而目前应对泥石流的最主要办法仍是防御。但是在预知泥石流发生的时间方面人类的研究也依然有限。随着时间的推移，我们相信人类一定会找出可以准确预报泥石流的方法。

湖泊也有生死轮回吗

  湖泊也会死而复生吗？这让人听起来感觉匪夷所思，但是这种会死而复生的湖泊的确是存在的。

  俗话说："桂林山水甲天下，阳朔山水甲桂林。"在我国广西阳朔县的美女峰下，有一个占地面积为300亩的犀牛湖，湖面澄碧，鱼蟹游弋。然而，1987年9月30日，湛蓝的湖水却突然全部消失，只留下了湖底的淤泥。人们大惊失色！据当地人回忆，此前一个月，犀牛湖附近地下曾发出"隆隆"之声，湖水水位同时也略有降低，但湖水仍保持2米左右的深度。在1987年9月29日一夜之间湖水突然变得荡然无存。犀牛湖约30年失踪一次在《阳朔县志》中早已有过记载。

  一些地质学家通过研究分析后作出解释，他们认为犀牛湖靠雨水、地表水和地下水补充水位，而湖水渗入桂林地区特有的以石灰岩架构的地下暗河时，它们夹带的泥沙就会堵塞石灰岩的溶孔，导致地下暗河断流，湖水上涨。由于水压不断加大，溶孔又会被水流疏通，如果进水量与渗水量相当，就维持了湖水的动态平衡。如果溶孔突然扩大为大的溶洞，就会听到地下"隆隆"作响，湖水转瞬流光，于是就会发生犀牛湖"失踪"这样的奇事。但是，30年一轮的生灭周期又怎么解释呢？

  无独有偶，在大洋洲和美洲也有像犀牛湖这样的会"生"会"灭"的周期湖。澳大利亚的悉尼附近有一个乔治湖，湖水碧波荡漾，湖面鸟类成群，然而1982年夏季的一天，湖水却神秘地消失了，湖底长生青草代替了碧波荡漾的湖水。据史料记载，自1820年乔治湖首次失踪算起，至今已消失过5次，也是大约30年轮回的周期。

  在中美洲的哥斯达黎加，有座世界著名火山——波阿斯火山，自1955年最后一次喷发后，火山口因积水而成为湖泊，由于含有大量的火山熔岩气

△ 犀牛湖

体，湖水温度远远高于气温。自1987年起，热水湖不知什么原因就开始逐渐缩小，到1989年2月，湖水彻底干涸了，湖底出现了黄色"石笋"。让人更觉得奇怪的是，半年以后，"石笋"陆续倒塌，热水湖原址上又出现了直径分别为24.11米、28.15米的两个新湖。构成石笋的硫磺溶解在水中，人称"硫磺湖"，其湖水温度比原来的热水湖高出几倍，达到116摄氏度。这些湖泊为什么会突然"死"去，又为什么有30年的"生命周期"？热水湖为什么会变为两个硫磺湖？湖水的温度为什么会升得比沸水温度还要高呢？种种问题非常令人迷惑。

湖泊起死回生、周而复始的现象非常耐人寻味，到目前，科学家们还没有找到其大约30年一轮回的原因。因此，湖泊生死成为了一个未解之谜，还有待于人们去探讨。

晴空坠冰事件之谜

在万里无云的碧空中，突然会掉下一些大冰块。就在新千年伊始，西班牙竟然连续发生了7次"空中降冰"，而且前后时间间隔只有短短七八天！其中，最吓人的是在南部塞维利亚省的托西那市，一块重达4千克左右的大冰块轰然落在两辆轿车上，顷刻间车顶被砸得稀烂，如若不是一个朋友把车主叫住，与他交谈起来，

△ 空中降冰

他难免会成为世界上第一位坠冰的"牺牲品"。

随后又有一块长30余厘米、重约2千克的大冰块击穿了穆尔西亚省一家酒吧的屋顶，所幸也无人员伤亡；最后一块落在历史名城加西期的市中心广场，警察在接到报警后很快就把它"带走"了；最有趣的是在3天后，几乎同时有3块大冰光临巴伦西亚地区的3个小村庄，其中最大的一块也有4千克重。西班牙国家气象局的专家已经否定了"冰雹"的可能性，尽管说它来自太空还有待于进一步证实，但从很多迹象看，"陨冰"的可能性相当大。

事实上，经过多年的研究探索，现在人们已经肯定，众多的晴空坠冰中，至少有一部分是真正的"天外来客"——"陨冰"。陨冰与陨石一样，原先都是游荡在太空、绕太阳转动的"精灵"，只是有时它们一不留神，闯进了地球引力的"陷阱"，才被迫改变轨道落向地面。由于地球周围有一稠

密的大气层，所以绝大多数的陨落物都在大气中"毁尸灭迹"，在几千度的高温焚烧下，只有少数原先非常巨大的母体，才会有残骸降临人间，成为陨星（包括陨石、陨铁）。那些铁块、石头尚且只能剩下极少部分，可想而知，陨冰原先的母体一定是太空中硕大无朋的巨大冰山。

陨冰比陨石更稀罕，因为不光是夜间降落的陨冰绝大多数会被"埋没终身"，就是白天"下凡"，如不及时发现，妥善保存，也难免会很快化作一洼污水而无从辨别，不像那些陨石（铁），即使是原始时代来的"客人"，科学家还是可以认证出它不凡的"门第"。因而现已正式确凿证明的陨冰，到20世纪止，也不到两位数。最早确认的陨冰是1955年落于美国的"卡什顿陨冰"；第二块陨冰于1963年降于莫斯科地区某集体农庄，重达5千克。

最令人感到蹊跷的是，我国无锡地区也曾受过这种空中坠冰的青睐，在1982～1993年的短短11年间，也连续发生了5起坠冰事件。1995年，在浙江余杭也有一块较大陨冰碎成三块并落在东塘镇的水田中，估计原重900克。由于它当时得到了妥善的保护，又及时送到紫金山天文台，所以对于晴天坠冰之谜起到了很大的作用。

不可否认，其中难免也是鱼龙混杂，如1984年我国也对南昌一块"坠冰"作过报道，但不久就发现，这是几个青年所搞的恶作剧。但我们也绝不能"把孩子与脏水一起倒掉"，因为陨冰可能来自彗星的彗核，包含有彗星以及太阳系形成之前的有关信息，是决不可怠慢的贵客。

火雨之谜

近年来干雨成了全世界天体物理学家特别感兴趣的问题。它很早就被人发现过，不过却极为罕见。近些年来人们十分不安地发现，它出现的次数正日益频繁。干雨也曾被称为"火雨"。大约100年前，火雨曾毁灭了亚速尔群岛地区整整一支舰队。火雨还曾引起得克萨

△ 流星雨

斯的草原特大火灾。公元1889年非洲的萨凡纳又成了火雨的战利品。

对干雨现象的解释，目前存在两种观点：一种观点认为，由于彗星散落，散落后的物质有些落入地球，于是产生火雨现象。从彗星散落到出现干雨，应该等待2～6年。因为天体物理学家观察到越来越多的彗星散落现象，所以非常有可能在最近6～15年内要出现一些干雨。那时干雨火灾的数量将达每年8起，而50年后将每年达30起。

另一种观点认为，干雨现象是我们尚未认识的另一种文明的破坏活动。这种想法从表面上看似乎是天真的，但持这种观点的人提醒人们注意，如果干雨现象来源于宇宙，是彗星散落的产物，那么化学家通过光谱分析是会发现彗星化学成分的痕迹的。但迄今为止化学家在这方面的研究结果是否定的，火也不可能消灭所有物质成分。总之，两种说法都各有其理，但都要进一步研究证实。

天火来袭之谜

  1871年10月8日，是个星期天，美国芝加哥街上挤满狂欢的人群，就在大家兴致正浓的时候，谁也没有注意到天色逐渐昏暗。忽然，城东北一幢房子起火。消防队接到警报，还来不及抬出装备，第二个火警接踵而来，离第一个火警3公里外的圣巴维尔教堂也起火了。消防队立即分出一半人去教堂。紧接着，火警从四面八方传来，消防队东奔西跑，不知先救哪处为好。

  芝加哥是著名的"风城"，火借风势，越烧越旺，全城在第一个火警发出一个半小时后全部陷入火海之中，任何力量也没法抵御火神的进攻。惊慌失措的市民逃出房子，在街上瞎跑乱撞，都想找一个没火的保护所。平民靠两条腿逃离火区，富人弃了马车，骑上惊马向市郊突围，一路踏死了不少人。幸亏火灾发生得早，人们均未入睡，然而全城被烧死和惊马踏死的竟有千余人，另有几百人在郊区公路上倒毙。

  芝加哥城在密执安湖南岸，位于五大湖平原上，原是印第安人狩猎地，1834年建市时人口不到1000人。随着农牧业的发展，森林、铁矿的开采，运河、铁路的接通，芝加哥成了暴发户，发生大火时人口已达60万，是当时世界肉类工业"首都"。

  由于建筑物多属简陋木屋，火燃烧到翌日（10月9日）上午，中心闹市已化为灰烬，17000座房屋全被烧毁。据救灾委员会报告，全城财产损失1.5亿美元（相当现在的20多亿美元），造成12.5万人无家可归。那么，这场火灾的肇事者是谁呢？报纸说是一头母牛碰翻煤油灯，点燃了牛棚，蔓延于全城。人云亦云，市民深信不疑。

  在现场指挥救火的消防队长麦吉尔，对这个轻率的结论嗤之以鼻，他在调查证词中说："到处是火。在短时间内燃遍全城的这场火灾，如果是由某间房子开始而蔓延成大面积，则完全不可能。……如果不是一场'飞火'，

△ 流星雨

又怎能在一瞬间使全城燃成一片火海呢？"

目击者说："整个天空都好像烧起来了，炽热的石块纷纷从天而降……""火雨从头上落下"。同一天晚上，芝加哥周围的密执安州、威斯康星州、内布拉斯加州、堪萨斯州、印第安纳州的一些森林、草原，也都发生火灾。这火是怎么烧起来的？靠湖边的一座金属造船台，被烧熔结成团，而其周围却无其他易燃的大建筑物。城内一尊大理石雕像烧熔了，这要多高的温度？木屋之火不过二三百摄氏度，不可能熔化金属和岩石。

几百人奋勇逃出火海，死里逃生，来到郊区的公路上。可是，他们离奇地集体倒毙了。尸检鉴定，他们的死却与火烧无关。

总之，谁也不相信一头母牛碰翻油灯烧掉芝加哥的鬼话。

对于这场大火的发生，科学家提出种种解释和假设，但都不能自圆其说。当时警察局抓了不少纵火嫌疑犯，可经过反复调查，又一一否定了他们作案的可能性。此事至今，仍是一个悬案。

百年过去了，人们对此谜的兴趣丝毫未减。近年来，天文学家对此事的发生又提出了一个很新颖的见解，认为这种无法解释的现象，与陨石雨有着很大的关系。因为，陨石带着巨大宇宙速度冲入地球大气层时，它的表面常常带有几千度的高温，这个温度使建筑物燃起大火是不足为奇的。

美国天文学家切姆别林、苏联天体物理学家尤里·柯甫捷夫等把疑问放在了"比拉彗星"身上，他们认为它是个"嫌疑犯"。

比拉彗星是奥地利军官冯·比拉于1826年3月发现的。1872年，人们等待它回归时，它却迟迟不露面。直到11月27日，才为人们洒下一场规模空前的大流星雨，如同节日的焰火，在6小时之中，迸发出16万颗流星飘飘而下，十分壮观。

科学家们还把比拉彗星与另一件百年之谜——美国双桅帆船"玛丽亚·采列斯塔"号联系到一起。

1872年初冬的一天，英国的一艘海帆船在距葡萄牙约600海里的大西洋上发现一条奇怪可疑的双桅帆船，它在无人控制的情况下随着波浪而漂荡。英国船员登上这条船后才发现，它空无一人，而餐桌上的刀叉齐全、杯盘完整，似乎在等候船员来用餐。在部长室里，人们发现一本摊开的航海日记，上边所记的最后时间是11月24日。

装有许多财宝、钱币的箱子都没上锁，也没有被动过，所有文件也原封没动。船员卧室绳子上还晾着洗净的内衣，床铺也很整齐。厨房内食品种类繁多，淡水也充足。货舱内的2000桶美酒，却奇怪地只剩下1/3左右，而且舱内充满了酒气。

最后人们发现，除了船上的救生艇不见外，其他什么东西都不少。船员在神秘中消失了。

后来有人这样假设事情的原因：当时此船在航行中，正赶上比拉彗星的流星雨，顿时海上到处都是大大小小的火团，刺鼻的怪味，浓烈的烟雾，闪亮的火球把船给包围住了。正准备进餐的船长怕火团掉入舱内引爆酒精蒸气，便急忙下令船员上救生艇逃命。但很不幸，救生艇刚刚驶离大船就被一颗较大的陨石击中，船员全部葬身大海，而那条"玛丽亚·采列斯塔"号船却奇迹般地保存下来。

当然，这仅是众家观点之一。多年来，人们提出了很多有趣的设想，如海盗抢劫、次声波、特大章鱼、乌贼偷袭、突然的气旋风暴，如今还有人想到了飞碟与外星人。可是纵有千百种设想，都没有办法将这个疑团解开。

圣塔克斯的神秘地带之谜

你想做个会飞檐走壁的"侠客"吗？在圣塔克斯的神秘地带，这个梦想可以变成现实！这个神秘地带位于美国加利福尼亚州圣塔克斯地区的茂密森林里。在这里，树木全都向一个方向倾斜着生长。如果走进这片森林，你的身子也会不知不觉地倾斜。神秘地带的中心有一个小木屋，人们竟然可以自由自在地在小木屋的墙壁上行走，就像在平地上散步一样！这在正常的小屋里，是任何人都做不到的！

神秘地带发生的种种奇异现象，都是违反大科学家牛顿提出的万有引力定律的！为什么圣塔克斯的神秘地带可以打破这个规律呢？这些现象究竟是怎么一回事呢？至今也没有人能弄清楚这个问题。

△ 圣塔克斯的"怪秘地带"人人可以"飞檐走壁"

会变颜色的神石之谜

在澳大利亚的沙漠里，有一块会变颜色的奇异石头，名叫艾尔斯石。它高达300多米，底部周长约9千米。因为它的周围是一望无际的荒漠，所以在100千米以外的地方，人们就能看到它的身影。

它非常有名，因为在不同的时间和季节里，巨石能自己变换颜色。当地的土著人把它看做是神石，几千年以来他们一直依靠巨石颜色的变化来安排生活和农业生产。当地的土著人认为，巨石是他们的祖先留给他们的。一些科学家却认为，神石是远古时代的一颗流星陨石。它之所以能变换颜色，那是因为它接收着来自四面八方的光，光滑的表面又从不同角度、不同时间对光进行折射，因而造成了色彩变幻的奇迹。真是这样的原因吗？

△ 艾尔斯巨岩

功过相抵的焚风之谜

焚风，其英文名称直接借用其德文源词，最早是指气流越过阿尔卑斯山后在德国、奥地利和瑞士山谷的一种热而干燥的风。实际上在世界其他地区也有焚风，如北美的落基山、中亚西亚山地、高加索山、中国新疆吐鲁番盆地，甚至太行山东麓也曾出现过焚风。在北美洲西部，人们将焚风称为钦诺克风。

焚风不像山风那样经常出现，它是在山岭两面气压不同的条件下发生的。在山岭的一侧是高气压，另一侧是低气压时，空气会从高压区向低压区移动。在空气移动途中遇山受阻，被迫上升，气压降低，空气膨胀，温度也就随之降低。空气每上升100米，气温就下降0.6℃，当空气上升到一定高度时，水汽遇冷凝结，形成雨雪落下。空气到达山脊附近后变得稀薄干燥，然后翻过山脊，顺坡下降，空气在下降过程中重又变得紧密，并出现增温的现象。空气每下降100米，气温就会升高1℃。因此，空气沿着高大的山岭沉降到山麓的时候，气温常会有大幅度的升高。迎风和背风两面的空气即使高度相同，背风面空气的温度也总是比迎风面的高。每当背风山坡刮炎热干燥的焚风时，迎风山坡却常常下雨或落雪。

焚风可能引起严重的自然灾害。它常造成农作物和林木干枯，也易引起森林火灾，遇特定地形，还会引起局部风灾，造成人员伤亡和经济损失。如时速高达每小时160千米的焚风风暴于2002年11月14日夜间开始袭击奥地利西部和南部部分地区，数百栋民房屋顶被风刮跑或被刮倒的大树压垮，风暴把300公顷森林的大树连根拔起或折断。风暴还造成一些地区电力供应和电话通信中断，公路铁路交通受阻。法新社报道说，截至18日，焚风已造成2人丧生，数百万欧元的经济损失。焚风在高山地区还会造成融雪，使上游河谷洪水泛滥，有时还会导致雪崩。

此外，医学气象学家认为，焚风天气出现时，相当一部分人会出现不舒适的症状，如疲倦、抑郁、头痛、脾气暴躁、心悸和浮肿等状况。这些症状是由焚风的干热特性以及大气电特性的变化对人体的影响而引起的。

当然，焚风有弊也有利。由于它能加速冬季积雪的融化，因此对于牧民户外放牧有利。北美的落基山，冬季积雪深厚，春天焚风一吹，不要多久积雪会全部融化，大地长满了茂盛的青草，为家畜提供了草场，因而当地人把它称为"吃雪者"。程度较轻的焚风能增高当地热量，可以提早玉米和果树的成熟期，所以苏联高加索和塔什干绿洲的居民干脆把它叫做"玉蜀黍风"。

焚风在世界很多山区都能见到，但以欧洲的阿尔卑斯山、美洲的落基山、苏联的高加索最为有名。阿尔卑斯山脉在刮焚风的日子里，白天温度可突然升高20℃以上，初春的天气会变得像盛夏一样，不仅热，而且十分干燥，经常发生火灾。强烈的焚风吹起来，能使树木的叶片焦枯，土地龟裂，造成严重旱灾。

我国境内高山峻岭也很多，不少地方会出现焚风现象，例如河北省石家庄地区，位于太行山东麓，海拔高度相差1000米以上，当气流越过太行山下降时，石家庄地区常出现焚风效应，日平均气温比正常时偏高10.0℃以上，有时比离山麓较远的东南部市县（无焚风效应地区）要高出10多度。

波及范围宽广的气团之谜

气团是指水平方向上物理属性比较一致的大块空气，其水平范围可达及百千米，垂直范围可达及10千米。

气团基本上可分冷团和暖气团两种。冷气团指温度比较低，常常是从北方向南方移动到较暖的地表面的气团。冷气团使其所经之地变冷，而其本身则变暖。这种气团由于其低层迅速增温，气温垂直递减率增达，气层往往趋于不稳定，容易发生对流，因此冷气团低层常具有不稳定的天气特征。暖气团指温度较高的气团，这种气团使所经之地变暖，而其自身则逐渐冷却，气温垂直递减率减小，气层趋于稳定，有时形成逆温，对流不易发展，所以暖气团具有稳定性的天气特点。

在同一气团中，由于物理属性比较一致，所出现的天气基本类似。但在不同气团中，所出现的温度、湿度和天气却是不同的。特别是在两种气团交界的地区，天气变化最为剧烈。

气团长时间在单一地理环境影响下，如湿润的太平洋洋面或寒冷的西伯利亚陆面，通过乱流作用与下垫面进行热量和水汽交换以及气团本身在各高度上进行辐射冷却或增温，使大范围空气具有下垫面的温湿特征，从而形成具有该地区特性的气团。

在地球上，气团产生的固定地方称为气团源地。气团是在高气压区形成的，因空气在高压区停留的时间较长，受地面性质的影响较大。当环流条件发生变化时，气团就要离开源地移入新的环境。气团移动时保持其本身的特性，在移动过程中气团受不同下垫面影响，与途经地区进行热量和水分的交换，又会慢慢地变性。离开源地的时间愈长，路程愈远，气团的变性程度也就愈深。

气团形成需要具备两个条件：一是要有大范围性质比较均匀的下垫面，

如辽阔的海洋、无垠的大沙漠、冰雪覆盖的大陆和极区等都可成为气团形成的源地。下垫面向空气提供相同的热量和水汽，使其物理性质较均匀，因而下垫面的性质决定着气团属性。在冰雪覆盖的地区往往形成冷而干的气团；在水汽充沛的热带海洋上常常形成暖而湿的气团；二是还必须有使大范围空气能较长时间停留在均匀的下垫面上的环流条件，以使空气能有充分时间和下垫面交换热量和水汽，使空气和下垫面有相近的物理特性。例如，亚洲北部西伯利亚和蒙古等地区，冬季经常为移动缓慢的高压所盘踞，那里的空气从高压中心向四周流散，使空气性质渐趋一致，形成于冷的气团，成为我国冷空气的源地；又如我国东南部的广大海洋上，比较稳定的太平洋副热带高压是形成暖湿热带海洋气团的源地；较长时间静稳无风的地区，如赤道无风带或热低压区域，风力微弱，大块空气也能长期停留，形成高温高湿的赤道气团。

活动于我国的主要气团随季节而有变化。冬季以极地大陆气团为主，我国南方部分地区则会受热带海洋气团影响，夏季主要受热带海洋和热带大陆气团影响，在我国北方则仍会受极地大陆气团影响。春、秋季则主要有变性极地大陆气团和热带海洋气团。

湿地的价值

对许多人来说，湿地是一个陌生的概念。这个词是1956年由美国联邦政府首次使用，1971年《国际湿地公约》签署后开始被广泛认知，但是由于湿地是地球上水陆相互作用形成的独特生态系统，各国对湿地概念的理解又不同，人们对它的印象很有些模糊。

1971年，《国际湿地公约》定义湿地是："系指天然或人造、永久或暂时之死水或流水、淡水、微咸水或咸水沼泽地、泥炭地或水域，包括低潮时水深不超过6米的海水区。"同时又规定："可包括邻接湿地的河湖沿岸、沿海区域以及湿地范围的岛屿或低潮时水深不超过6米的区域。"因此，地球上除海洋（水深6米以上）外的所有水体都可称为湿地。包括沼泽、泥炭地、沼泽森林、湿草甸、湖泊、河流及泛洪平原、河口三角洲、滩涂、珊瑚礁、红树林、水库、池塘、水稻田以及低潮时水深浅于6米的海岸带等。还有一种狭义的定义是，湿地是生态交错带，是陆地与水域之间的过渡区。根据这些定义，湿地与森林、海洋并称为全球三大生态系统。

湿地的价值，突出表现为人类居住的理想场所，是人类社会文明和进步的发祥地。远古时期，尼罗河、底格里斯河、幼发拉底河、恒河、湄公河和黄河流域湿地，由于既可满足人类取水，又方便利用森林和湿地进行狩猎、捕鱼等基本生存活动，成为人类生存和繁衍的地方。随着人类文明的发展，人类逐步走出了森林和草地，但永远割舍不下湿地。

这种渊源，使得湿地周围往往形成具有鲜明特色的滨湖文化，也使得人类与湿地有一种浓浓的依恋之情。美国作家约翰·巴勒斯就记述了横渡一个荒凉孤寂的湖泊时的真切感受："我的心中期盼着某种情感的刺激，似乎大自然会在此处显露她的一些秘密，或者会出现某些闻所未闻的稀有动物。""人们常常朦朦胧胧地感觉到，万事之初都与水有一定的联系。当一个人独自散步时，他会注意到自己往往沉浸在某种奇思异想之中，那就是，让小溪与池塘与他一路相随，仿佛在溪水之间隐藏着惊喜与奇迹的发源地。"

因为有了众多沼泽、湖泊和水库湿地的储水、输水和供水，人类的饮用水、工农业用水得到了保障。湿地之水，不仅是重要能源。也诞生了水运这种最古老、最廉价的运输方式。湿地物种的丰富，水源的充沛，肥力和养分的充足，使众多水生动植物和水禽等野生生物生长繁衍，为人类源源不断地提供了直接食用或用作加工原料的各种动植物产品，如水稻、鱼、虾、贝、藻类、莲、芡、泥炭、木材、芦苇、药材等。农业、渔业、牧业和副业生产在相当程度上依赖于湿地提供的自然资源。湿地还提供了丰富的工业原料和能量来源，包括食盐、天然碱、石膏等多种工业原料，硼、锂等多种稀有金属矿藏。我国的许多重要油田就分布在湿地区域。

人们之所以称湿地为"地球之肾"，是因为它具有巨大的生态功能。湿地被认为是全球价值最高的生态系统。联合国环境规划署的报告说，1公顷湿地生态系统每年创造的价值是热带雨林的7倍、农田生态系统的160倍。还有研究指出，在全球生态系统的价值中，湿地的贡献率为45%。

湿地生态系统充满着活力，保持着丰富的生物多样性。它空间上处于地球上大气圈、水圈、岩石圈、生物圈四圈交汇之地，地域上介于水陆之间，生态系统结构复杂而稳定，是生物演替的温床和遗传基因的仓库，特别是为水禽提供了必需的栖息、迁徙、越冬和繁殖场所。如亚太地区有243种候鸟每年沿着固定的路线迁飞，途中必须在湿地停歇和补充食物。丹顶鹤在从俄罗斯迁徙至我国江苏沿海盐城国际重要湿地的2000多千米的途中，大约花费约1个月的时间，在沿途25块湿地停歇和觅食，如果这些湿地遭受破坏，丹顶鹤之类的迁徙鸟类将面临生命威胁。目前，我国有湿地3620万公顷，分布有高等植物2276种，野生动物724种。其中，珍稀鸟类的一半，生活在湿地中。我国杂交水稻所利用的野生稻，也来源于湿地。反过来，一旦湿地消失，便会造成生物多样性的严重下降。如黑河下游的居延海湿地，1961年西居延海干涸，1992年东居延海干涸，湿地退化和消失后，额济纳绿洲胡杨林面积减少54%，沙枣林减少54.6%，红柳林减少33%；草场严重退化，130种可食牧草减少到20多种，产草量下降43％，载畜量下降46％，多次发生特大沙尘暴。

湿地对气候具有显著的调节功能。湿地环境中，微生物活动弱、土壤吸收和释放二氧化碳十分缓慢，形成了富含有机质的湿地土壤和泥炭层，起到了固定碳的作用。专家认为，湿地固定了陆地生物圈35％的碳素，总量为770亿吨，是温带森林的5倍。单位面积的红树林沼泽湿地固定的碳是热带雨林的10倍。如果湿地遭到破坏，湿地将由"碳汇"变成"碳源"，对全球气候产生重大影响。与此同时，湿地的水分蒸发和植被叶面的水分蒸腾，使得湿地和大气之间不断进行能量和物质交换，对周边地区的气候调节具有明显作用。如新疆博斯腾湖湿地周边地区比其他地方的气温平均低3℃，湿度高14％，沙尘暴天数减少25％。

湿地也可减缓径流和蓄洪防旱。降雨时，湿地吸纳大量的水分，干旱时将水释放出来，而且许多湿地地处地势低洼地带，与河流相连，所以有效地实行了流量的调节，成为蓄水防洪的天然"海绵"。这种作用往往在湿地被围困或淤积产生生态恶果之后反射出来。如1998年长江中游地区发生了"中流量、高水位"的严重洪涝灾害，湖南、湖北和江西3省的直接经济损失达1000亿元，其直接缘由就是半个世纪以来长江中下游地区有1/3的湖泊被围垦，消失湖泊1000多个，蓄水容量减少了500亿立方米。同年发生在嫩江和松花江的特大洪水，也是由于"北大荒"演变成"北大仓"对湿地的过度开垦直接相关。

湿地的生态功能还表现在降解污染物。有毒物质进入湿地后，一系列的生物和化学过程，有毒物质被分解和转化，成为湿地植物的养料，湿地植物为人类所利用，又变成当地或下游地区的财富。

与此同时，湿地具有巨大的景观价值。湿地山水相连，鸟类相聚，风景绝胜。洞庭湖湿地，李白吟咏说"水天一色，风月无边"。嬉戏于碧波之上，一派天堂美景。滇池、太湖、洱海、杭州西湖湿地等都是著名的风景区。美国佛罗里达州的西南部有一片占地达2400平方英里的大柏树湿地保护区，夏天雨季时几个月遍野汪洋，长满了柏树和亚热带丛林植物，佛州鳄鱼、佛州豹、黑熊和鹿等动物悠然地生活其间。冬天旱季时，水全部被排干，成为打猎观鸟的胜地。

太平洋是怎样形成的

　　太平洋是当下地球上最大的构造单元，与大西洋、印度洋和北冰洋相比，它有着许多特有的、与众不同的演化史，如环太平洋的地震火山带、广泛发育的岛弧——海沟系、大洋两岸地质构造历史的显著差异……这就使许多人相信，太平洋可能有着它与众不同的成因。长期以来，科学家们提出过许多关于太平洋成因的假说，其中最引人注目的是19世纪中叶，乔治·达尔文（1879年）提出的"月球分出说"。

　　达尔文认为，地球的早期处在半熔融状态，其自转速度比现在快得多，同时在太阳引力作用下会发生潮汐。如果潮汐的振动周期与地球的固有振动周期相同，便会发生共振现象，使振幅越来越大，最终有可能引起局部破裂，使部分物体飞离地球，成为月球，而留下的凹坑遂发展成为太平洋。

　　由于月球的密度（3.341克/立方厘米）与地球浅部物质的密度（包括地幔的顶部橄榄岩层在内的岩石圈的平均密度为 3.2～3.3克/立方厘米）近似，而且人们也确实观测到，地球的自转速度有愈早愈快的现象，这就使乔治·达尔文的"月球分出说"获得了许多人的支持。

　　然而一些研究者指出，要使地球上的物体飞出去，地球的自转速度应快于24/17小时，亦即一昼夜的时间不得大于1小时25分。难道地球早期有过如此快的旋转速度吗？这显然很难令人相信。再者，如果月球确是从地球飞出去的，月球的运行轨道应在地球的赤道面上，而事实却非如此。还有，月球岩石大多具有古老得多的年龄值（40～45.5亿年），而地球上已找到的最古老岩石仅38亿年，这显然也与飞出说相矛盾。终于，人们摒弃了这种观点。

　　20世纪50～60年代以来，由于天体地质研究的进展，人们发现，地球的近邻——月球、火星、金星、水星等均广泛发育有陨石撞击坑，有的规模相当巨大。这不能不使人们想到，地球也有可能遭受到同样的撞击作用。

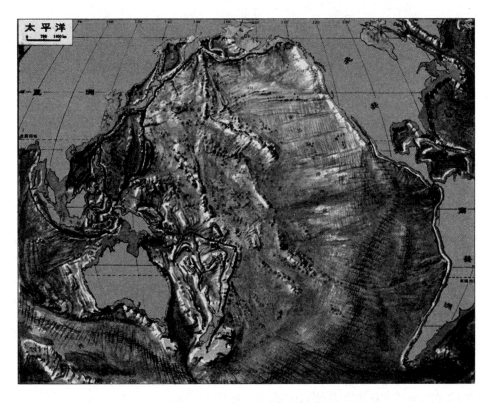

△ 太平洋地图

　　1955年，法国人狄摩契尔最先提出，太平洋可能是由前阿尔卑斯期的流星撞击而成的。并且他认为这颗流星可能原是地球的卫星，直径几乎为月球的2倍。可惜没能提出足够的证据。

　　众所周知，月球上没有活跃的构造活动，陨石撞击作用是月壳演化的主要动力。月海是月球早期小天体猛烈袭击形成的近于圆形的洼地，其底部由稍后喷溢的暗色月海玄武岩所充填。最大的月海——风暴洋面积达500万平方公里。

　　将太平洋与月海相对比，可以看到如下共同特征：

　　一、月海在月球上的分布是均匀的，集中在月球正面的北半球；太平洋也偏隅于地球一方，这反映了早期撞击作用的随机性。

　　二、月海具有圆形的外廓，并比月陆平均低2～3公里；太平洋也大致呈圆形，比大陆平均低3～4公里。

三、地球的大陆由年代较老、密度较小的硅铝质岩石构成，而海洋则由年代较轻、密度较大的玄武质岩石组成，月球也是这样，月海也由年龄较小的玄武岩组成。

四、地球上的地壳厚度较大，介于30～50公里，洋壳较薄，一般为5～15公里；月球也有类似的情况，月陆壳一般厚40～60公里，月海壳则一般小于20公里。

五、重力测量证明，月海具有明显的正异常；太平洋的情况比较复杂，但比周围大陆具有较高的重力值。

六、月海周围有山链环绕，而太平洋周围也有山链。

七、在太平洋底发现有边缘和中央海岭，而在一些较大的月海中也同样可见有堤形的隆起。分布于月海中央和边缘。

八、太平洋东部具有以岛弧、边缘海组成的，从洋壳过渡为陆壳的过渡区，在一些月海边缘也可见有所谓"类月海"的过渡区。

当然，与月海相比，太平洋也有一些月海所没有的其他特征。如构造岩浆活动，反映海底扩张的海底磁性条带，还在太平洋周围的山链上可见明显的多旋迴褶皱构造和花岗岩浆活动，而月球上没有。

诸如此类的差别，专家以为乃系地球具有比月球大得多的质量和体积的缘故。综上所述，今天的科学家们一般倾向于认为，太平洋是在地球早期形成的巨大撞击盆地。但在漫长的地史时期中，它经历了多次的改造。

太平洋会消失吗

目前，大西洋的面积正在扩大，它不断地挤向太平洋，长此以往，1～2亿年后，太平洋很可能会消失。那时美洲西岸会与亚洲东岸相连接，中间将升起一条无比雄伟的山脉。

这事说来似乎不可思议，但从地质史上看，也没有什么值得大惊小怪的。当年，显赫一时的古地中海（特提斯海），不也是由于印度、阿拉伯、非洲与欧亚大陆的会合而"关门大吉"，并升起一条阿尔卑斯-喜马拉雅山脉的吗？如果大西洋扩张的势头不减，太平洋恐怕真的要从地球上消失了。

大西洋真能把太平洋挤垮吗？

科学家们利用电脑模拟方法，对地球上各片大陆将来的漂移情况进行了推算，结果发现太平洋目前的收缩只是暂时现象，将来它会向大西洋进行全面"反攻"。电脑指出：11.5亿年后，大西洋会被太平洋挤成"小西洋"，甚至消失掉。

太平洋和大西洋，究竟谁斗得过谁，还是未来的事实说话算数。

海底为什么也会下"雪"

潜艇进入漆黑一团的北冰洋海底，打开探照灯，便会日看到一幅奇妙的"雪"景，无数"雪花"纷纷扬扬地在海水中飞舞。

雪很快就融于水，北冰洋上还有一层坚冰阻挡着，降雪根本到不了深海。那为什么还能见到这样的"雪"景奇观呢？

原来，"海雪"看起来很像降雪，但它与陆地上的降雪是两种迥然不同的东西。海水中含有各种各样的悬浮颗粒，诸如生物碎屑、生物粪便团粒等，都是制造"海雪"的原料。这些颗粒相互碰撞结合，像滚雪球一样越滚越大，形成大型絮状悬浮物，这就是所谓的"海雪"。从海水中取出这些东西，它们既不像雪花那样洁白晶莹，也不像雪花那样美丽多姿，但它们能在水中化学作用下，创造出绝妙的"海雪"奇观。

道理很简单。在一间比较暗的房子里，我们看不到那些飘散在空气中的细小灰尘，而当明亮的光线射入房间时，我们便可以看到太阳光束中飘动着闪闪发亮的尘粒，光学上把这种现象称为"延德尔效应"。同样，在黑暗的深海里，海水中的悬浮物在探照灯光的照射下，也会显现出闪烁着的白色悬浮物；又由于光的折射作用，在水中的物体看起来比实际的要大，这样，悬浮物就像雪花了；再加上悬浮物与海水比重差不多，能在海水中随流漂荡，这样展现在人们面前的就是"雪花"飞舞的"海雪"奇观了。

非洲睡眠病之谜

　　非洲睡眠病又称"锥虫病"或"嗜睡性脑炎"，是一种由寄生单细胞锥虫经采采蝇叮咬而传播的疾病，在非洲撒哈拉南部肆虐，其中有些流行区患病率高达8成。

　　1900年非洲睡眠病在非洲地区广泛传染，到1907年找到有效治疗办法的7年间，维多利亚湖畔有20多万人死于这种疾病，占整个地区的2/3，其中乌干达死亡人数最多。

　　非洲锥虫病是非洲人畜共患的严重疾病之一，除人外，锥虫还寄生于鱼类、两栖类、爬虫类、鸟类和哺乳类等动物体。但非洲睡眠病与美洲睡眠病截然不同。美洲睡眠病是由一种病毒引起的脑炎，非洲睡眠病则是由一种寄生虫（锥体虫）所致。睡眠病是以昏睡的方式吞食病人的肌体，逐渐导致死亡，其过程可长达数年。此病的初期征兆是头疼、乏力、失眠，并伴有明显的压抑感，然后是患者精神衰落、出现疼痛，夜间失眠，白天则昏昏欲睡。有的病情严重的患者用餐咀嚼时，会不知不觉地昏睡过去，昏迷不醒，直至死去。这种病仅发病于非洲地区，而且已有几个世纪的病史。乌干达是第一个受害的国家，所以又称为"乌干达睡眠病"。睡眠病时至今日已扩散至非洲其他地区和国家，最终成为一种可怕的传染性疾病。而此病的来源，有人说是欧洲人带过来的，但真相如何，就没有人知道了。也有人说史前时代非洲就有睡眠病，但第一个患睡眠病的病例是阿拉伯旅行家伊木·哈勒敦在14世纪时记载下来的：患有睡眠病的病人如此乏力，以至于很容易因饥饿死去。伊本-哈勒敦访问的一个部落首领大部分时间都在睡觉，两年之后他就死掉了，整个部落的人都因睡眠病而死去。

　　到目前为止还没有一种有效疫苗来预防非洲睡眠病。目前预防非洲睡眠病的关键在于消灭采采蝇和加强个人防护。但是有专家指出驱蚊剂并不适用

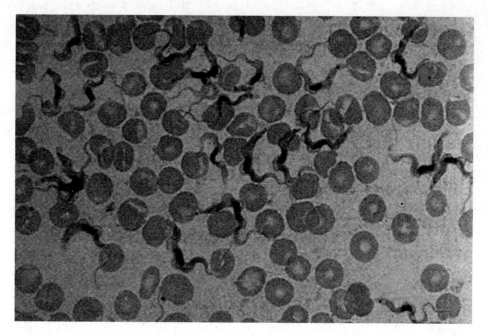

△ 非洲锥虫病又称睡眠病

于采采蝇。由于采采蝇可叮穿轻便衣服，因此最佳的预防方法是避免前往有大量采采蝇的地区。如需前往应该尽量将身体外露的部分遮盖，并且不应穿着会吸引采采蝇的蓝色衣物。

2000年6月，专家在举办的非洲睡眠病研讨会上指出，非洲睡眠病又有在非洲大陆肆虐的迹象，与会专家说，锥体寄生虫产生了抗药性及有些疾病高发区对此病防治不力，是睡眠病卷土重来的主要原因。据2000年统计显示，中部非洲每年约有50万人患这种疾病，是非洲大陆受感染最严重的地区。

2001年3月19日，安哥拉锥体虫防治局人士报道说，自2001年年初以来，在安哥拉境内已经新发现4500例锥体虫病。这些病例主要是在本戈、威热、扎伊尔、马兰热省和罗安达周围地区发现的。安哥拉在2000年共发现了5500例锥体虫病。

由于非洲睡眠病的病原具有变异性，导致人们在治愈它的同时也面临着新的课题，如何能彻底将非洲睡眠病像战胜天花一样将其从人们的生活中祛除，仍然有待进一步研究。

艾滋病身世之谜

　　每年的12月1日被国际命名为"艾滋病日"，艾滋病自从被发现以来，它就以非常惊人的速度蔓延，时至今日已经成为人类的最重要疾病杀手之一，但是人类从来没有停止过寻找治愈艾滋病方法的脚步。随着艾滋病日益受到全世界的重视并采取积极的预防措施，我们在治疗艾滋病的方面取得了一定的进展。据有关资料显示：2007年新增的艾滋病病毒感染者比1998年低了320万，死于艾滋病的患者比2001年少了20万人。

　　艾滋病发现于1981年的春天，当时在美国洛杉矶市的一家医院收到一名症状十分奇特的患者，患者的咽喉有严重的霉菌感染，但是感染并没有沿着呼吸道蔓延，而是向食道发展，这个病患的食道几乎全部阻塞了，患者的体重显著减轻。医生们想尽了办法也没有治好这个病人，最后这个病人死了。不久以后，又有患了同样病症的人来医院治疗，但结果也是不治而死。面对这种怪病，各种药物都医治无效，他们百思不得其解。带着疑问，医生们进行了一系列的研究，他们发现这5个人都是同性恋患者，全都患上了卡氏肺囊虫肺炎。同年，当地医院又发现了26例卡波氏肉瘤患者，他们的病症有同一个特点：细胞免疫缺陷。在1982年，这种病由美国疾病控制中心正式定义为"获得性免疫缺陷综合征"，就是让我们闻之色变的艾滋病。它的名字是由英语缩写AIDS的音译过来的。

　　自从艾滋病发现以来，全世界至少有2180人死于此病，死亡人数比第一次世界大战的两倍还多。据有关数据显示，仅在2001年就有300万人死于艾滋病，500万人受到感染，其蔓延速度非常的惊人。目前艾滋病病毒感染者和病人中约有1/3的人年龄在15～24岁，但是直到现在也没有彻底治疗艾滋病的方法。随着社会的进步，人们已经攻克了天花、肺结核等不治之症，但人们对艾滋病却仍然一筹莫展。

1985年，美国好莱坞巨星洛克·哈德森患上了艾滋病，从患病到死亡仅仅数个月的时间里，这位曾经万众瞩目的巨星就变得骨瘦如柴。在他死了以后，人们才知道他也是一名同性恋者。

　　这些巧合，让人们以为是同性恋导致了免疫系统缺乏症，但是不久，又有人发现流亡在美国的海地人也有人被发现了染上此病，但是他们并不是同性恋患者。而这些染病的人一旦染病，其死亡速度比同性恋者还要快。因此艾滋病只在同性恋者间流行的说法被推翻。

　　那么这个令全世界胆寒的艾滋病到底是怎么回事呢，它又是如何吞食人们的生命呢？

　　一、艾滋病的来源之谜

　　艾滋病是一种由艾滋病病毒即人类免疫缺陷病毒侵入人体后破坏人体免疫能力，使人体发生多种不可治愈的感染和肿瘤，最后导致被感染者死亡的一种严重传染病。但是对艾滋病的来源却有着很多的说法。

　　关于人类免疫缺陷病毒（HIV）的来源有很多种说法，总结起来有自然说、医源说和人为说。

　　自然说认为人类免疫缺陷病毒是自然演变而来的，因偶然的机会感染给了人类。其中最广泛的观点是人类免疫缺陷病毒可能来源于黑猩猩，但是科学家却没有证据来证明自己的说法。1999年美国的一个研究小组声称，他们找到了黑猩猩传播人类免疫缺陷病毒的证据。他们说在对一只偶然得到的黑猩猩组织进行研究时发现了在它的组织中存在猿猴免疫缺病毒（SIV），它和人类免疫缺陷病毒同属于灵长类免疫缺陷病毒，科学家认为猿猴免疫缺病毒（SIV）是人类免疫缺陷病毒的祖先。随后，法国的巴斯德研究所的科研人员也宣布发现了被SIV感染的黑猩猩。这些黑猩猩和上面提到的因产后并发症死去的黑猩猩属于同一个亚种，生活在被人们认为是艾滋病发源地的喀麦隆、几内亚等地区。但是同时疑问也随之而来：黑猩猩身上的SIV是如何传给人类的呢？有学者解释说非洲的一些国家有捕猎黑猩猩而后食用的习惯，人类是因为吃黑猩猩的肉而被感染的。但是有些人不同意这一推断。

　　医源说认为，人类在生产小儿麻痹疫苗时，使用了被人类免疫缺陷病毒或类似HIV病毒污染的黑猩猩器官组织，人在疫苗接种时被感染。1999年据美国新闻记者爱德华·胡珀在其著作《河流》中称，20世纪50年代末期，位于美国费城的威斯塔研究所曾经使用黑猩猩的肾脏生产了几批小儿麻痹疫苗。在1957～1961年，这些疫苗被用于预防接种。据估计，有100多万非洲人接受了接种。爱德华·胡珀断言，艾滋病就是从此开始在人类中传播的。但是此言论遭到了一些科学家的反对，两位曾经在威斯塔研究所从事过非洲疫苗试验的科学家否认他们在生产疫苗的过程中使用过黑猩猩的器官组织。2000年，威斯塔研究所宣布他们找到了当年的疫苗样本，随后该样本让许多的科学家进行了研究，第一次检验结果表明，疫苗中没有发现任何黑猩猩或人类免疫缺陷病毒的踪迹。但是在第二次分析中，研究人员在样本中却发现了短尾猴的肾脏细胞，不过短尾猴被科学界认为它并不能被SIV或人类免疫缺陷病毒感染。

人为说认为人类免疫缺陷病毒是基因工程带来的灾难，还有人认为人类免疫缺陷病毒是生物武器或某些人企图进行种族灭绝，建立"世界新秩序"的产物。但是此说并没有依据。

二、艾滋病究竟是在何时开始感染人类的

据有关资料显示，目前科学家掌握的最早被艾滋病毒感人的人类标本有三个。第一个是1959年收集的一位生活在刚果民主共和国的成年男性的血浆，一位是1969年在美国圣路易斯死亡的一位非洲后裔的人体组织标本，1976年收集的一位死亡的挪威海员的人体组织标本。有科学家认为从第一个标本来看，当时人类感染艾滋病的人数并不是太多，这表明艾滋病病毒感染人类的时间应该还不长，时间大约是20世纪40年代或者是50年代初期。但在2000年1月，美国洛斯阿拉莫斯国家实验室的贝特·科勃博士在一次学术会议上发表了自己的研究成果。他认为第一例HIV感染大约发生在1930年，地点是西部非洲。

三、艾滋病何时治愈

艾滋病在人体内的潜伏期相当长，从感染到出现症状平均要2～10年。在这个潜伏期中，患者由于症状较轻，而容易被忽视，这就让人们对艾滋病的早期发现和预防造成很大困难，但是在潜伏期，艾滋病病毒仍然在繁殖，具有很强的破坏性。人们在感染艾滋病时，会有发热、淋巴结肿大、全身乏力、恶心等症状，到最后会导致免疫系统的全面崩溃，病人出现各种严重的综合病症，最后死亡。

人们在面对艾滋病时唯恐避之不及。加上吸毒者、同性恋者是艾滋病的高发人群，致使人们往往对艾滋病患者多带有歧视的目光，使得艾滋病患者在社会上得不到公平的对待。最惨的还是那些患了艾滋病人的孩子，一旦被别人得知，邻居和亲戚都会对他们避而远之，连上学都非常的困难。许多感染者不敢将自己的情况告诉别人，致使一些感染者甚至自杀了。

在艾滋病患者中高达93.9%的人年龄在15～49岁，这个年龄段无疑是最具有社会创造能力的阶段。而治疗艾滋病的费用也让许多人负担不起。据悉，我国的一位艾滋病病毒感染者用正规的药物治疗的年费用大约是8～10万元。

人类目前对艾滋病还束手无策。虽然如此，人们还是发现了艾滋病的某些"弱点"，如艾滋病病毒对外界的环境抵抗力很弱，一旦离开人体后，它就无法存活，高温、干燥以及常用的消毒药品都可以消灭这种病毒。艾滋病的传染的途径主要是血液传播、性传播和母婴传播。而大量的科学研究证明：在工作和生活中与艾滋病感染者和病人的一般接触，如握手、拥抱、礼节性接吻、共同进餐、共用劳动工具、办公用品、钱币等不会感染艾滋病。

艾滋病是一种前所未有的威胁人类的传染病，但是所有的疾病最终还是会被人们征服。治疗艾滋病的路途是漫长的，但也绝对不是没有希望的。随着科学的发展，我们相信艾滋病会被人类攻破！

撒哈拉大沙漠有过"绿洲时代"吗

撒哈拉大沙漠的所过之处全部是沙丘、流沙和砾漠。"撒哈拉"一词在阿拉伯语是"大荒漠"的意思,非常形象地说明了撒哈拉大沙漠是多么的荒凉。不过在撒哈拉大沙漠中,也时常有一些被人们称作"沙漠中的绿洲"的地方,这些地方同样水草丰盈。

那么,撒哈拉大沙漠究竟荒凉了多久?人们在不断的探索下,终于证明了撒哈拉大沙漠地区远在公元前6000～前3000年的远古时期,确是一片肥沃的平原。早期居民们曾经在那片绿洲上,创造出了非洲最古老和值得骄傲的灿烂文化。这就是本文的撒哈拉大沙漠的"绿洲之谜"。

探险家巴尔斯在恩阿哲尔高原地区的岩画上,发现了水牛、河马和一些在水里生活的动物岩画,更让人感到不可思议的是,在这些岩画里边竟然没有骆驼!巴尔斯感到更加兴奋,只有有沙漠的地方,才会有骆驼呀!水牛、河马必须在有水和草的草原上才能生存!撒哈拉大沙漠里的岩画上没有骆驼,这就说明这里在远古的时代一定水草丰茂,决不会像现在这副样子,到外都是沙丘和流沙,到处是死气沉沉的。

于是,巴尔斯把撒哈拉大沙漠的草原时代和沙漠时代定义为前骆驼期和骆驼期,用以表示撒哈拉大沙漠的历史时期。后来,巴尔斯对撒哈拉大沙漠的这种历史分期得到了考古学家们的一致认可和普遍采用。

那么,这些壁画已有多久历史了呢?科学家用放射性碳14的测定年代方法表明,这些壁画在大约距今4500～7400年的时候被创作出来。科学家们还发现,这些壁画往往是用不同的风格,在不同的年代刻画在岩壁上的,所以重重叠叠地刻画在一块儿。这些说明,那时候撒哈拉地区的人们在这里长期地生活繁衍。也就是说,那时候的撒哈拉地区正处在有水有草、人兴畜旺的草原时代。

如果说这一时代即撒哈拉地区的绿洲时代，那么撒哈拉的绿洲时代是什么时候结束的呢，它的沙漠时代是什么时候开始的呢，也就是说，撒哈拉的史前文明是什么时候衰落的呢?

科学家们经过研究和分析，认为撒哈拉地区由草原退化为沙漠经历了一个漫长的过程。撒哈拉地区先是气候发生突然的变化，导致降雨量急剧减少；这些少量的雨水，有的落到干旱的土地上，很快就被火辣辣的太阳晒干了；还有的雨水流进了内陆盆地，可是由于雨水量不多，也就滞留在了这里，流水带的泥沙在盆地里慢慢淤积，盆地增高以后这些水就开始向四周泛滥，

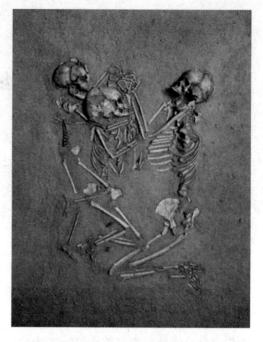

△ 多国考古学家在撒哈拉沙漠中发现人类骸骨，最终证实撒哈拉大沙漠在数千年前的确是气候宜人的绿洲

慢慢就形成了沼泽。经过漫长的时期，沼泽里的水分在太阳的照射下慢慢就变干了，沙丘开始出现在撒哈拉的大地上。这时候，撒哈拉地区的气候恶化得更严重，风沙也越来越猛烈。生活在这里的人们又不知道保护自己的生存环境，砍伐树木，没有节制地放牧，大大加快了土地沙化的过程，撒哈拉地区也就慢慢变成了沙漠地带。经过科学家们测定，山洞里边的骆驼形象大约是在公元前200年出现的。也就是说至少在距今2200年的时候，撒哈拉就变成了现在的样子，茫茫沙漠没有生机。

干旱的塔里木盆地下面有天然水库吗

　　塔里木盆地是中国第一大盆地。南有高耸的青藏高原，西有帕米尔高原，北有天山山脉。夏季风很难到达封闭的盆地，这里极度干旱，平均年降水量不足50毫米。而由于大风和较高的气温，又使这里的蒸发量高达3000毫米以上。于是除了少数绿洲外，盆地内一片沙海，仅有的几个内陆湖也日益干涸，最后完全消失在沙漠中。浩瀚的塔克拉玛干就在盆地的中部。

　　然而，奇迹出现了。塔里木盆地的地下居然有巨大的天然水库，仅盆地西部的地下水库每年就可提供60亿立方米优质水，相当于黄河1/8的流量。这个发现对盆地石油开发来说无疑是一个巨大的福音。

　　塔里木盆地的巨大水库是如何形成的呢？地下水主要是大气降水下渗积聚形成的。这就是说从塔里木地区丰富的地下水可以推论，这里曾经有过一段气候湿润、降水丰富的时期。

　　据考察，塔里木地区地下水库是在漫长的地质时期里形成的。

　　在30万年前，塔里木和柴达木盆地都是一片海洋，后来这里的地壳被抬升成为陆地，但还是个降水比较丰富、草原和沼泽密布的湿润地带。塔里木地区在数万年的潮湿期里积聚了大量地下水。

　　以后，南面的昆仑山、阿尔金山和青藏高原，北面的天山不断隆起，塔里木相对地沉降成为盆地。四周山地的降水和高山冰川融水大量流入盆地。当时曾有大小河流100多条，光塔里木河、和田河、阿克苏河、叶尔羌河、孔雀河这样的大河就有13条。这些河流的水在所经之处大量垂直下渗补给地下水。

　　周围山区的洪水和沙漠中的暴雨也会大量直接下渗变成地下水。

　　当然，在青藏高原彻底阻挡了夏季风之后，塔里木这一内陆封闭盆地的地下水补给就仅靠有限的冰川融水的渗透了。

尼亚加拉瀑布传说之谜

您看过杂技表演艺术家布朗亭在尼亚加拉瀑布的奔腾激流上方50米高处架起长达300米的钢索，成功地空着双手走了过去吗？您看过他蒙上双眼、头套口袋，也同样成功地走过这300米的钢索吗？您看过同样的一个人踩着独轮小车过去，踩着高跷过去，背上背着人过去，坐在钢索上烹调了一个煎蛋饼还将它吃了吗？是什么使勇敢而伟大的布朗亭有如此的力量呢？那就是尼亚加拉瀑布，是它给予了布朗亭伟大而神奇的力量。

尼亚加拉瀑布可算得上世界上最为神秘的地方之一。下面就让我们一起走进尼亚加拉瀑布的传说之谜吧。

构成了部分加拿大与美国的边境线，将纽约州与加拿大的安大略省分开的尼亚加拉河从伊利湖向北流向安大略湖，全长将近50千米。它位于北面，面积为65万平方千米，并成为这些湖的通畅出口。它的最大的水流量达到每秒7000立方米，十分令人敬畏。这条河被草莓岛和格兰德岛劈开分成3段，头8千米只有一条河道。向东的美国河道有25千米长；向西的加拿大河道则较短，只有5千米长。在格兰德岛后两个河道又合并到一起，再流过5千米就到了举世闻名的尼亚加拉瀑布。

这条大河最终可到达安大略湖，先后途经12千米的峡谷、一片开阔的湖区平原和12千米的行程。尼亚加拉瀑布本身也被哥特岛分成两个部分。马蹄形瀑布高度接近50米，顶部宽度将近1000米。比加拿大部分的还要高上大约3米，但是宽度只有300米的瀑布则位于美国一侧。

它的形成在于不寻常的地质构造。在尼亚加拉峡谷中岩石层是接近水平的，每千米仅下降6～7米。非常坚硬的尼亚加拉大理石构成了岩石的顶层，松软的地质层很容易被水力所侵蚀，它位于岩石层之下。激流从瀑布顶部的悬崖边缘笔直地飞泻而下，则正是由于松软地层上的那层坚硬的大理石地

△ 尼亚加拉瀑布

质层所起的作用。更新世时期，当巨大的大陆冰川后撤，大理石层暴露出来，被从伊里湖流来的洪流淹没，形成了如今的尼亚加拉大瀑布。通过推算冰川后撤的速度，瀑布至少在7000年前就形成了，最远则有可能在2.5万年前形成。

尼亚加拉瀑布具有迷人魅力的自然现象无疑给人们留下了深刻的印象，但更令人为之神往的还要算那自然现象中隐匿着心灵力量的古老信仰了。这些信仰是否具有真理性，也更增加了尼亚加拉瀑布的迷人风景。

中国云南石林形成之谜

云南，一个令人无限遐想的地方。您去过美丽的苍山洱海吗，您到过神秘的西双版纳吗？也许你去过。那么您知道云南著名的石林吗？也许你不知道。那么就来让我们看看云南的石林之谜吧。

它位于云南东部一个叫做路南的地方，是一座奇怪的岩石园林。它的石柱形状多样，有的像初生的竹笋，有的似精雕细琢的玉石华表，有的又像一根圆的柱子，更令人拍案叫绝的是，其中一根石柱与撒尼族传说中的美丽的阿诗玛姑娘像极了。

这些石柱高度差不多，高高耸立着，远望去像密林一般，每个石柱周身刻满了一道道的水平条纹，像穿着横条海员衫。

这些石林的形成应追溯到很久以前。最初，这里是一片平坦的、由水平的石灰岩层所构成的地形，纵横交错地布满了许多垂直的裂隙。这些裂缝就是最初的石林的天然模样。

把石灰岩雕成岩石园林的最伟大的力量是水。沿着这些张开的裂隙，无孔不入的水流向下渗透，逐渐溶蚀两旁的石灰岩，这样裂缝朝向地下伸展得更深，张开得更大，在地面上渐渐出现了许多凹下的"溶沟"和突起的"石芽"，原来的平坦地形也随之成了一片崎岖的溶蚀原野。裂隙两边许多石块的崩落，也使"溶沟"更宽，"石芽"更突出，久而久之，一片密密分布的、景色美丽的石柱园林就屹立在祖国大地了。

其实，人们发现在国外许多气候湿热地带，且有发达的垂直裂隙分布的石灰岩地方，也都有这种景象出现。所以，千万不要认为这是一个奇怪的不祥之地，它只不过是上天的又一件杰作而已。

弄清了云南的石林形成之谜，你在惊叹宇宙的伟大之余，是否想去那里亲自领略一下呢？

美洲"黄泉大道"之谜

在南美，印第安部落的奇怪消亡，使得许多印第安人创造的文明得不到明确的解释，成了历史之谜。

在美洲的著名古城特奥蒂瓦坎，就有这么一条被称为"黄泉大道"的纵贯南北的宽阔大道。它被称作这样一个奇怪的名字，是由于公元10世纪时最早来到这里的阿兹台克人，沿着这条大道来到这座古城时，发现全城没有一个人，他们认为大道两旁的建筑都是众神的坟墓，所以就给它起了这个名字。

1974年，一位名叫休·哈列斯顿的人在墨西哥召开的国际美洲人大会上声称，他在特奥蒂瓦坎找到一个适合它所有街道和建筑的测量单位。通过运用电子计算机计算，这个单位长度为1.059米。例如特奥蒂瓦坎的羽蛇庙、月亮金字塔和太阳金字塔的高度分别是21、42、63个"单位"，其比例为1：2：3。

哈列斯顿测量黄泉大道两边的神庙和金字塔遗址，发现了一个让人惊讶的情况："黄泉大道"上那些遗址的距离，恰好表示着太阳系行星的轨道数据。在"城堡"周围的神庙废墟里，地球和太阳的距离为96个"单位"，金星为72，水星为36，火星为144。"城堡"后面有一条特奥蒂瓦坎人挖掘的运河，运河离"城堡"的中轴线为288个"单位"，刚好是木星和火星之间小行星带的距离。离中轴线520个"单位"处是一座无名神庙的废墟，这相当于从木星到太阳的距离。再过945个"单位"，又是一座神庙遗址，这是太阳到土星的距离。再走1845个"单位"，就到了"黄泉大道"的尽头——月亮金字塔的中心，这刚好是天王星的轨道数据。假如再把"黄泉大道"的直线延长，就到了塞罗戈多山山顶，那个地方有一座小神庙和一座塔的遗址，地基还在。其距离分别为2880个和3780个"单位"，刚好是冥王星和海王星轨道

△ 阿兹台克文化特奥蒂瓦坎古城遗迹

的距离。

　　如果说这一切都只是偶然的巧合，显然不能让人信服。假如说这是建造者们有意识的安排，那么"黄泉大道"很明显是根据太阳系模型建造的，特奥蒂瓦坎的设计者们肯定早已了解整个太阳系的行星运行的情况，并了解了太阳和各个行星之间的轨道数据。但是，人类在1781年才发现天王星，1845年才发现海王星，1930年才发现冥王星。那么在混沌初开的史前时代，又是哪一只看不见的手，给建筑特奥蒂瓦坎的人们指点出了这一切呢？

海水为什么是咸的

虽然地球上海水覆盖的面积最大，但现在全世界都在提倡节约用水，这是为什么呢？因为大家都知道海水是咸的，并不能直接饮用。

海水为什么是咸的呢？原来海水中有多种盐类溶解于其中。而海里的盐又是来自哪里的呢？

关于这个问题，目前科学家们的说法还不一致，主要有两种说法：一种认为最初大洋中的海水所含的盐分并不多，甚至是淡水。而现在海水中有很多盐溶解在里面，这些盐是陆地上岩石土壤里的盐分，溶解在雨水中，流入小溪、河流，最后汇入海洋，随着岁月的流逝，水分慢慢蒸发而盐分逐渐积累；另一种观点则认为最初的海水就是咸的，坚持这种观点的科学家对海水中盐分的变化进行了长期的观测，发现海水中的盐分并没有随着时间而逐渐增多。

究竟有多少盐溶解在海水里面呢？根据试验，平均有35克盐溶解在每千克海水中。其中氯化钠（食盐）占的比重比较大。正是由于存在大量的氯化钠、硫酸镁、氯化镁、硫酸钾、硫酸钙和溴化镁等。海水的咸苦味就是由它们造成的。

可是在古巴东北部不远的大西洋里，却有一片淡水区域，直径约30米的。原来有一个巨大的泉眼在这里的海底深处，泉水是从地层下面能透水的岩层里涌出来的。泉水滔滔涌出，每秒钟可涌出40立方米的水量，它排开咸水，一个淡水区域就此形成了。

但是，海水有淡水泉的奇迹终究少有，世界上的水资源是有限的，世界上的淡水资源更是有限的，所以我们大家一定要节约用水，为我们的后代造福。

潮汐是怎样形成的

潮涨潮落，每天都会发生。涨潮时，海水就会淹没大片的海滩；落潮时，大片的海滩又会露出来。古时人们把白天发生的涨潮叫做"潮"，晚上发生的涨潮叫做"汐"。可是你们知道"潮汐"是怎样形成的吗？

很早以前，这个秘密就已被古人所知。古希腊的航海家比戴阿斯，发现每月有两次特别小的低潮和两次特别大的高潮，并且总是在新月和满月的时候出现高潮，而总是在上弦月和下弦月的时候出现低潮。因此他断定，是月亮导致了潮汐现象。

现代科学证实月亮确实是导致潮汐现象的重要原因。由于万有引力在各个星球间都会存在，因此我们可以设想一下，如果整个地球都是海洋，那么在月球引力作用下，地球会变成什么样子呢？地球这个"水球"就会被拉成蛋一样的长形的球。背着月球和对着月球的两点就凸起。每24小时地球就会自转一圈，对某一点来说，就会有两次涨落在那个地方的海面发生。也就是说，从这一次落潮到下一次落潮，或者说，从这次涨潮到下一次涨潮，大约只有半天相隔。

那么每月会发生两次特别大的高潮和特别小的低潮的原因又是什么呢？

原来，万有引力也存在于太阳与地球之间，但由于太阳距地球较远，因此引力不大，平时不明显。可当月亮、地球和太阳处于一条直线即满月或新月时，太阳对海水的引力和月亮对海水的引力就会起重叠作用，这时就会有大潮出现。当月亮和太阳与地球形成直角即上弦月或下弦月时，两种引力作用方向不同，就会相互抵消，这时小潮就会出现。由于每月出现两次这种情况，所以每个月特别大的高潮和特别小的低潮出现两次。

海洋潮汐这种自然现象极其复杂，除主要与月亮、太阳和地球的相对位置有关外，海盆的形状、海水的深度、气流的情况等对之也会产生一定的影响。

海啸是怎么产生的

人们都说"无风不起浪",但为什么有时没有风的时候也会波涛汹涌,形成几十米高的巨浪呢?这种现象叫做"海啸",海啸发生时会造成严重的破坏。那么,海啸是怎么产生的呢?

海底地壳的断裂是造成海啸的最主要原因,地壳断裂时有的地方下陷,有的地方抬升,震动剧烈,在这种震动中就会有波长特别长的巨大波浪产生,这种巨大的波浪传至港湾或岸边时,水位就会因此而暴涨,向陆地冲击,产生的破坏作用极其巨大。有时海啸是由海底的火山喷发造成的。像1883年,爪哇附近喀拉喀托岛上的火山喷发时,在海底裂开了一个深坑,深达300米,激起高达30米以上的海浪,巨浪把3万多人卷到海里。火山在水下喷发,海水还会因此沸腾,涌起水柱,难以计数的鱼类和海洋生物死亡,在海面上漂浮。

此外,有时海啸还是海底斜坡上的物质失去平衡而产生海底滑坡造成的。

也有些海啸是由风造成的。当强大的台风从海面通过时,岸边水位会因此而暴涨,波涛汹涌,甚至使海水泛滥成灾,由此造成的损失是巨大的。这种现象被人们称为"风暴海啸"或者"气象海啸"。

但是,海啸也并不是所有的海底地震的必然后果,一般而言,海啸是否会出现,与沿岸的地貌形态也有很大的关系。

地球被陨石毁灭过吗

英国科学家于近日向政府提交了一份建议政府应该积极努力采取防范措施，以防止来自外太空的陨石与地球相冲撞的报告。

这项报告与即将从地球附近掠过的2000RD53小行星的情况相关，这颗行星与地球之间的距离是地球与月亮之间的距离的12倍。虽然这颗"太空巨石"不至于撞上地球，但这颗直径约为300～400米的行星会在"非常近"的距离上从地球边上掠过。这是特别工作小组结论中最最重要的部分。

在这份报告中，科学家们向政府提出了包括积极敦促国际社会就这一问题做出努力、注意提高预测外来陨石的能力、提前估算风险以及事情发生后的后果等在内的14项建议。

陨石的坠落虽然会带给地球毁灭性的灾难，但这并不会浇灭科学家们对这一现象本身的研究的热情。美国航天局的一位科学家对外宣布，于30年前在澳大利亚坠落的一颗陨石中含有石化的微生物。

当地媒体报道说，科学家通过使用先进的技术发现了这种存在于陨石中的石化的外星生命。这颗陨石是1969年在默奇来的维多利亚镇坠落的，它的年龄为46亿岁。

理查德·胡佛教授——马歇尔航天中心空间生物学小组的负责人对墨尔本的《先驱太阳报》说，他认为这种存在于陨石中的石化的微生物是能够在极端的环境生存的细菌。

他说："默奇来陨石中含有大量的微生物化石。倘若这些东西是我们在地球的岩石中发现的，那么整个科学界都会认为这绝对就是微生物的化石。而在我个人看来，则认为这是生命从陨石中起源的强有力的证据，我们已经找到了细胞壁的证据，这些微生物与紫硫磺细菌和蓝细菌相似。"

地球最危险的敌人是谁

虽然彗木大碰撞已经作为历史一页被翻过，但它却给地球留下了发人深思的警示和启迪：这种灾难性碰撞会发生在地球身上吗，地球发生这种灾难性碰撞的可能性有多大？假若有朝一日发生了，人类可以战胜吗，地球这艘宇宙飞船会不会在这类宇宙交通事故中遇难，到底有多少像流星体、彗星这样的不安分子呢，它们到底会对地球构成哪些威胁呢？

小行星在这场角逐中，也是不可轻视的角色。自意大利天文学家皮亚齐于1801年元旦在木星和火星轨道之间发现新行星之日起，人类研究和发现小行星的序幕就已被揭开了。迄今为止，小行星的发现越来越频繁，已有多达5000颗的小行星被天文学家探测到。

虽然数量很多，但这些小行星质量和体积都非常小。最大的谷神星直径仅有770千米，比月球直径的1/4还要小，体积也不到地球体积的1/450，倘若你登上小行星，能一目了然地感觉到是在一个行星上，四周越远越往下弯，球形感非常明显。

浩浩荡荡的小行星军团，大多数在木星和火星轨道之间的小行星带上集中行走，很少可以越出这个范围，但也有极少数非常不安分的"卒子"，沿着椭圆轨道运行，最远可以跑到木星以外的空间，甚至走进地球轨道内侧，变为"近地小行星"，极有可能成为未来地球的主要"杀手"。

通常近地小行星轨道偏心率比较大，就地球与它们之间的距离而言，最近时通常有几百千米到5000万千米，极少数的小行星贴近到百万千米内。小行星赫姆于1937年10月在地球外80万千米附近掠过，仅仅相当于月亮与地球距离的2倍，从辽阔的宇宙空间尺度来看，说这些小行星与地球相隔咫尺，一点也不夸张。如此多的小行星来回穿越于地球附近空间里，的确会让人胆战心惊。

地球未来的命运如何

据日本东京技术学院的一项研究，在10亿年之后地球的海洋将会完全干涸，地球表面一切生物都会灭绝，地球将会有与火星一样的命运。

在研究报告中这项研究的责任人、东京技术学院地球及自然科学教授村山成德指出，大地板块与海洋正逐渐向地幔处下沉。地幔位于地球高热核心（地核）的外层，是地壳中的疏松岩石。

村山说，这项研究报告是建立在测量地表下温度的实验以及2000项以计算沉积岩生成时间为目的的学术工作的基础之上所得出的有关结论。报告指出，大量海水自7.5亿年前就已经开始从外围向地幔方向流动，导致今天大陆露出水面。报告还称，这样就为为何大部分大陆在7.5亿年前还在海底沉睡带来了新的解释。

倘若上述理论正确，那么关于那段时期大气中氧的含量急速增加的原因就可以得到进一步的解释了。报告称，生活在石头上的制氧浮游生物，因为大陆露出水面而在空气中暴露，把大量氧气释放进大气层，不同的生命形态也逐渐被充沛的氧气所孕育。但是村山指出，自此地面的水量不断减少，这种情形意味着最终这个星球上的生物将会成为历史。

不过，村山所指出的地球终会"干涸"的预言并不可以说明地球人类将会面临所谓的"世界末日"。第一，对人类而言10亿年实在太漫长了，漫长到令世人没有办法去想象；第二，以地球人类的智慧，相较于10亿年而言，在不到弹指一挥间人类即能找到在地球以外的新的定居点。人类目前所掌握的空间技术就已经对这一蓝图进行勾画。

大陆漂移之谜

我们脚下的大陆可以移动吗？

人们自古以来都认为，地球上的海洋和大陆除了进行上下的升降变化之外，它们的位置是固定不变的。

但是，在1910年的一天，当还在家养病的气象学家魏格纳专心致志地注视着一幅世界地图时，非常吃惊地发现：在大西洋东岸、非洲的几内亚湾凹进去的地方恰好可以和大西洋西岸、南美洲的巴西东北角凸出来的地方相嵌。换句话说就是，倘若把非洲和欧洲大陆的西海岸与南北美大陆东海岸拼凑在一起，完全可以拼凑成一个大致上相互吻合的整体。

这仅仅是一个极为偶然的巧合吗？从这里出发，经过两年的探索研究，魏格纳提出了以下观点：世界上现在的亚洲、欧洲、非洲、美洲、澳洲和南极地区在很久很久以前，是连接在一起的，后来这块完整的大陆逐渐地分裂、分离，慢慢成了现在这样子。魏格纳之后，又有许多科学家发现大量的可以证明魏格纳观点的正确性的证据。

现在，魏格纳的观点已经为越来越多的科学家所信服。更有意思的是，有的科学家还把840万年之后的世界海陆分布图给绘制出来了。在这幅地图上，以色列、埃及、希腊、意大利、沙特阿拉伯等国将会从大陆上消失；一个新的大陆将诞生在澳大利亚北部；日本、新西兰、澳大利亚、新几内亚很可能连成一体……这幅地图的准确性只能有待于我们的子孙后代们在840万年之后对它们进行检验了。

尽管大多数人都已接受了魏格纳的观点，但是因为还有一个关键问题还没有解决，故而它目前只能算是一个科学假说，这个关键的问题即是究竟是来自哪里的力驱动重达1000亿亿吨的6块大陆漂移的？因此为什么大陆会漂移，迄今为止，仍是一个未解之谜。

火焰山之谜

在《西游记》中，唐僧领着他的三个徒弟来到火焰山下，他们被这座燃烧着熊熊烈火的火焰山挡住了去路，无奈之下，只得由孙悟空千方百计借来了铁扇公主的芭蕉扇，师徒四人在把火焰山的烈火扇灭之后，顺利西行。当然这只是神话传说而已，不过既然火焰山无论是过去还是现在，都不曾燃烧过熊熊大火，那么它为什么会被称为火焰山呢？

火焰山位于中国新疆吐鲁番盆地。仔细观察一下火焰山的地貌，它的山体全部由红色的页岩和砂岩组成。这些页岩和砂岩是由距今1.1亿年前或7千万年前的中生代侏罗纪和白垩纪以后的新生代第三纪时的泥土和沙粒堆积而成的。那时天气非常炎热，在沙石泥土中沉积的铁元素经过雨淋、高温氧化之后，形成了很多红色的氧化铁。在喜马拉雅山运动时，这些堆积物褶皱隆起，抬升成山，火红底色的火焰山山体由此而构成。

但是，除了火焰山之外，还有其他的山也是由红色岩体构成。火焰山较为出名，主要是因为当地自然环境衬托火红的山色的缘故。吐鲁番盆地是中国西部夏季著名的"火炉"，这里的气候高温炎热。吐鲁番在元代时就曾被称为"火州"。这里的岩石在十分强烈的风化作用下，山石造型极为奇特，沟壑滴水不流，山上寸草不生，山麓沙砾堆积，与一望无际的茫茫灰白色戈壁沙滩相映，灼人的阳光在山势奇特的红色岩石上照射着，烈焰蒸腾，红光闪耀，正如在燃烧着的熊熊烈火。也许正是因为如此，才给了《西游记》的作者吴承恩以创作灵感。

火山为什么会喷发

　　火山喷发，是地壳中的岩浆向上喷出地面时的现象。一般情况下，地壳把岩浆紧紧地包住。地球内部有相当高的温度，岩浆不甘于寂寞，它老是想要逃离出去。然而，由于地下的压力极大，岩浆无法很轻易地冲出去。地下受到的压力在地壳结合得比较脆弱的部分比周围小一些，这里的岩浆中的水和气体就很有可能分离出来，促使岩浆的活动力加强，推动岩浆喷出地面。当岩浆冲出地面时，原来被约束在岩浆中的水蒸气和气体很快分离出来，体积迅速膨胀，火山喷发就此产生。

　　岩浆冲出来的通道是否畅通与火山喷发的强弱有很大关系。如果岩浆很黏很稠，有时再加上火山通道不但狭窄而且紧闭，这时就极易被堵塞，这就需要地下的岩浆聚集非常大的力量才能把它冲破，一旦冲开，伴随的就是一场威力极猛的大爆炸。有时候，一次火山喷发过程，就可以喷发出来几十亿立方米的火山碎屑物；假如，岩浆的黏稠度小，所含气体也不多，通道相对而言比较畅通，经常有喷出活动，那么就不会引起大的爆炸。夏威夷群岛上有一些火山，就是第二种情况。

　　火山总是在那些地壳运动较为强烈，而且相对而言较为薄弱的地方分布着。这种地方陆地上和海里都有。海底的地壳很薄，一般只有几千米，有些地方还有地壳的裂痕，所以在海洋底部分布着很多火山。例如临近大西洋中部亚速尔群岛的卡别林尤什火山，它位于一条巨大的断裂带之上，当它喷发时，炽热的浪涛从深邃的海洋底部涌出，一时间，洋面会沸腾起来。在开始时人们还以为是一条大鲸吐出的水柱呢！它的火山喷发活动持续了13个月，结果一片好几百公顷的新陆地出现了，这块新陆地与亚速尔群岛中的法雅尔岛连接在一起。海洋中有很多像这样的海底火山。

　　在火山喷发过程中，会有岩浆喷出地面，那些岩浆的活动能力极强，可

△ 火山喷发示意图

以时常喷发的火山在地质学中被称为"活火山"。例如，位于太平洋中的夏威夷群岛上的基拉维亚火山，长期以来总有岩浆从中不断地涌出，有时还会发生极为猛烈的爆发，它就属于活火山。有一些火山在喷发之后，需要经过很长一段时间在地下聚集起足够的岩浆才可以再次喷发，当它暂时不再活动的时候，被地质学家称为"休眠火山"。例如在北美洲西部的喀斯喀特山脉中就有很多这样的火山。人类并没有找到它们曾爆发过的历史记载，但根据探测，它们还有活动能力。不过，这一类火山，有的也可能就此一直沉睡下去。还有些火山因为形成时间很早，地下的岩浆已经冷凝固化，不再活动，或是虽然地下还有岩浆存在，但因为那里地壳厚实坚硬，其中差不多所有的裂缝都被以前挤入的岩浆凝结堵塞住，岩浆无法再喷发出来了。地质学上把这些已失去了活动能力的火山叫做"死火山"。例如，非洲坦桑尼亚边境上的乞力马扎罗山，就是一座非常有名的死火山。人们可以从飞机上清晰地看到火山口内堆积着很厚很厚的白雪。

地球上的岩石是如何形成的

岩石分布在地球的各个地方。有些地方虽然从表面上看是泥沙，但下面则是岩石；还有海洋、江河，在水层底下也是岩石。岩石紧紧地裹在地球的外面，人们把它叫做岩石圈。岩石圈最厚之处已超过100千米，换言之，不但地壳是由岩石构成的，就连地幔的最上端也是由岩石构成的。

为什么地球上会有如此多的岩石呢？

林耐，这位瑞典著名博物学家曾经说过这样一句名言"岩石并非自古就有，它们是时间的孩子。"的确，地球上每一块岩石都是在地球的演变过程中渐渐形成的。

根据岩石不同的形成作用，我们能够把所有的岩石划分为火成岩、变质岩、沉积岩三大类。

火成岩是地球岩石圈的主要组成部分。地壳中大约3/4的岩石以及地幔顶部的全部岩石属于火成岩。火成岩是由炽热熔融的岩浆冷却凝固之后形成的。

早先形成的包括火成岩、变质岩和沉积岩等在内的岩石，在地面暴露以后，会受到侵蚀和风化作用的破坏，逐渐转化为化学分解物和泥沙。这些化学分解物和泥沙经过水、风或者是冰川等搬运，最后在湖海盆地或者其他低洼处堆积，再经过漫长的时间的压紧胶结和地球内部热力的影响，再一次固结成为岩石，形成沉积岩。

岩石在地球的演变过程中，受到强烈的挤压或高温的影响，或者被注入外来物质，从而发生面目全非的变化，一种新的岩石由此产生，我们把这种岩石称为变质岩。

总之，地球上的所有岩石的形成，都无法脱离以上三种途径。

极光是怎样产生的

朋友，当你在夜晚仰视夜空时，有可能发现一个光怪陆离的奇景，一个地球上最壮观的自然景象，它就是极光。例如，在中国东北的黑龙江北部，有时在万籁俱寂的夜晚，可能有一片红色绒幕突然出现于茫茫天空中。正当人们惊疑的时候，它又突然变成一片蓝色草地，时而似蟒蛇游动，时而似骏马奔驰；刀光剑影，旌旗变幻或者像山间燃起巨火，或者像天神突然睁开了慧眼，光焰喷射，窥视人间……

在中国黑龙江和吉林西部以及内蒙古和河北北部地区，有人于1982年6月18日晚10时左右看见了这样一种极光。在北面天空离地平线不远处，一个月亮大小的半圆形乳白色光片先出现了，随后光片呈扇形向东北方向不断增大。约10时15分时，形成弧形光幕，中部较暗，边缘较亮，光幕内看不见星星。然后，弧形光幕进一步增大，亮度变暗，10时30分时光幕达到最大点，约占天空的1/5，而光幕内已能看见星星。大约10时50分，大部分光幕消失。大约10时58分，光幕完全消失。

在世界其他一些地方也出现过极光。在北半球的美国阿拉斯加北部、加拿大北部、冰岛北部、挪威北部、新西伯利亚群岛南部是能看见极光机会最多的区域。相比之下，中国黑龙江北部能见到极光机会要少于上述地区，并且大都是在3月份、9月份左右，也即在春分和秋分前后才有。

极光还具有强大的破坏力。极光爆发的时候，严重骚扰电离层，结果，短波无线电信号的传播受到破坏，这将严重地影响到通信交通。例如在美国，一个远在阿拉斯加的出租车司机，在极光强烈活动之际，可能会收到来自本土东部的新泽西州调度员的命令；同时，监视横跨极地飞行器的预警雷达屏幕上，也有可能突然出现虚假的图像，因而发出警报。同时，输电线、电话线和输油管道管细长的导体可能会因极光不断变化而感生出强大的电

△ 美丽的极光

流。输油管道受感生电流冲击，可能会受到严重的腐蚀。1972年，一次极光曾导致哥伦比亚的一台23万伏变压器被炸毁，并使美国缅因州至德克萨斯州的一条高压输电线跳闸。

那绚丽多彩、威力无比的极光是如何形成的呢？科学家们过去通常认为：来自太阳的高能带电粒子，到达地球附近空间，一旦被地球捕捉，就会受到地球磁场的控制，沿磁力线朝地磁极作螺旋下降，并与那里低密度的高层大气相互碰撞而放电发光。或者太阳出现黑子、耀斑、日珥等，组成太阳的物质还不断发生强烈的核反应，结果大量的能量释放出来；太阳就向宇宙空间喷射出大量带电粒子，如质子、电子等，这些带电粒子仿佛来自太阳的一股巨风（俗称"太阳风"），冲入地球范围后，在地磁场的作用下，它们便集中降落到南北地磁极附近的高空，这些带电粒子激发了高空大气中的各种气体原子、分子，便造成发光现象。那么，按照这种解释，极光就应该在磁极上空以某种"辉点"那样的形式出现。但是，实际情况却不是这样。极光并没有呈"辉点"的表现形式，而是在地区上空表现为不规则的椭圆带幻象。这种情况不禁使人们开始怀疑以往的一般解释。极光现象到底是怎样形成的，这还得人们进一步探索。

"水火相容" 之谜

在日常生活中，人们都把水能灭火视为一个常识。只要哪里发现火灾，消防车就会立刻隆隆地开去，喷出"大水"，很快就能将大火浇灭。然而，水和火绝对是死对头吗？

答案是否定的，因为在特定的条件下，水却能帮助燃烧哩！不知你是否注意到，在工厂或老虎灶旁边的煤堆里，工人师傅常用水把煤堆浇得湿淋淋的，如果有人问他们这样做的原因时，他们会告诉您说："湿煤要比干煤烧得更旺。"

这究竟是怎么回事呢？原来，世界上万事万物，都会按不同的条件来表现自己的独特性格。水也是如此，其实水能助燃，在日常生活上也常可见到，当你在烧开水时，如果壶里水开了溢出来，落到煤炉上，火焰会一下子变得更旺。其中的原因很简单，因为当炉堂中煤燃烧的温度很高时，加入水，就会和煤起化学作用生成一氧化碳和氢气。

一氧化碳和氢气都易于燃烧，如此一来，炉堂内的火就会烧得更旺，这就是水能助燃的奥秘。

人们可以做下面的实验证明上述的原理。首先将200毫升水放入烧瓶中，在将粒状硬质煤块放入另一燃烧管中，实验开始时先用小火烧热燃烧管，随后用大火对着煤块加热使煤块变红，同时把烧瓶中的水煮沸，使水蒸气通过燃烧管，此时在另一端燃烧管中点燃，就会出现蓝色火焰。

工业上制造水煤气利用的就是上述实验的原理。除碳以外，水和其他非金属元素也能发生作用。在常温下水和氟能发生剧烈反应，生成氟化氢和氧气。

在光的催化作用下，氯也可和水起反应，生成盐酸和浓氯酸。至于溴、碘、磷等不活泼的非金属元素，通常就不能和水起反应了。由上述可见，水火有时也可以相容。

水为什么被称为生命之源

　　地球上分布着大量的水。奔流不息的江河，广阔无垠的海洋，大大小小的湖泊，南北两极的冰川以及地下水等组成了环绕地球的水圈。水圈又可分为地表水圈和地下水圈，包括江河湖海中的一切淡水、咸水、土壤水、浅层和深层地下水以及南北两极的冰帽和各大陆冰川中的冰，还包括大气圈中的水蒸气和水滴。水圈是自然环境的重要组成部分之一，也是自然界一切生物赖以生存的物质基础。水是生命的摇篮。现代科学研究已经证明，没有水就不可能有生命。地球上的生命最初就是诞生于水环境中，在海洋中度过襁褓时期后，随着水的演化与生物演化的进程，才从海洋来到陆地，又发展成为今天空前繁荣的自然界。这一切都是以水的产生、存在与演化为前提，正是有了水，生命才得以生存进化。

　　水对于人类来说，是与阳光、空气一样必不可少的生命要素之一。水是构成人体组织的重要成分。据研究，人体重的70％以上由含盐0.9％的水组成。水能调节人的体温，输送营养物质，排泄无用废物，维持人体的各项生理功能。一般来说，人类要维持生命，每人每天大约需要5升水，一个成年人如果每天得不到2.5～3升的水，就会干渴难忍。现代医学研究表明，人体失去20％的水，就会出现医学上的脱水症状而虚脱。因此，人可以几十天不吃东西，但不能几天不喝水。中国有句俗话："人可三日无餐，不可一日无水，"说的就是这个道理。

　　除了人体生理循环需要饮水外，人体外部还在很多方面需要水：沐浴清洁、洗涤、烹调，以及制冷、供暖等。平均起来每人每天大约需要消耗100升的水，联合国有关机构建议将75升定为可以接受的最低标准，如此算来六十多亿人的生活用水显然不是个小数目。

　　此外，人类的工业、农业生产活动也离不开水，而且用水数量更是大得惊人。据联合国1995年的调查指出，农业和工业用水分别占世界用水总量的70%和25%。如生产1吨人造纤维需用水1200～1700吨，生产1吨纸需用水200～400吨，平均生产1吨谷物大约需用水450吨。并且伴随工农业生产的发展，用水量还在增加。

然而，多少年来人类并没有珍惜自然界赋予的瑰宝——有限的水资源。"取之不尽，用之不竭"的观点把人类引入歧途，任意地浪费水，挥霍水，甚至污染水，江河湖海，甚至地下水，概莫能外，从而使有限的水资源不断减少，使原本供应不足的可用水变得更加紧张，许多国家和地区深受缺水之苦。目前，世界上有80多个国家蒙受"水荒"，许多地区用水告急！在缺水的埃塞俄比亚等非洲国家，由于连年干旱缺水，在过去的几十年中，100多万人因饥饿而死，数百万人成为环境难民。严重的水荒已为人类敲响了警钟，联合国早在1977年2月就向全世界发出警告："水不久将成为继石油危机之后的另一个更为严重的全球性危机。"这个警告在当时，人们还不以为然，时至今日，大家已经有了切肤之感！因此，人类要爱护水资源，珍惜每一滴水，否则人类用尽的最后一滴水将会是自己的眼泪。

水是地球赋予人类最重要、最宝贵的资源之一，也是维持生命的理想液体。哺乳动物体内60～65%是水，人类体重的2/3、大脑的99%也都是水。缺了水，人类将不能存活，森林将不复存在，植物将灭亡，地球上将出现无边的沙漠，生命的迹象将消失。

那么什么是水资源呢？1988年，联合国将水资源定义为："水资源是可供利用或有可能被利用的，具有足够数量和可用质量，并可适合某地对水的需求而能长期供应的水源。"

一、全球水资源现状：地球的储水量是很丰富的，我们周围到处都是水，有海水、江水、河水，还有雨水、地下水等，它们加起来共有14.5亿立方千米之多。但其中72%是人类不能直接利用的苦咸的海水，另外28%的淡水如果都能被人类利用的话，应该说也不算少了，可令人遗憾的是，其中70%，以上被冻结在南极和北极的冰盖中，加上难以利用的高山冰川和永冻积雪。有87%的淡水资源难以利用、人类真正能够利用的淡水资源是江河湖泊和地下水中的一部分，约占地球总水量的0.26%。更令人担忧的是，这数量极有限的淡水，70％又被用于农业灌溉，根据2006年3月召开的第四届世界水资源论坛公布的数据，到2025年，预计全球将有30亿人遭遇水危机。从地域来看，最近10年，全球1/3因为缺水引起的灾难发生在非洲。到2025年，预计将有2.3亿非洲人面临缺水难题。在拉丁美洲，虽然水资源总体来说比较丰富，但干旱和半干旱地区还是占整个拉丁美洲的2/3。世界有半数以上的国家和地区缺乏饮用水，特别是经济欠发达的第三世界国家，有将近80％人口受到水荒的威胁。

20世纪50年代以后，全球人口急剧增长，工业发展迅速：一方面，人类对水资源的需求以惊人的速度扩大。据联合国2006年3月13日公布的《世界水资源开发报告》，全球用水量在20世纪增加了6倍，其增长速度是人口增速的2倍；另一方面，日益严重的水污染蚕食大量可供消费的水资源，并危害人类的健康。全世界每天约有200吨垃圾倒进河流、湖泊和小溪，每升废水会污染8升淡水；所有流经亚洲城市的河流均被污染；美国40％的水资源流域被加工食品废料、金属、肥料和杀虫剂污染。由于管理不善、资源匮乏、环境变化及基础设施投入不足，全球约有1/5的人无法获得安全的饮用水，40％的人缺乏基本卫生设施。每年有310万人因不洁饮用水引发相关疾病而死亡，其中近90％是不满5岁的儿童。如果提供安全饮用水、改善卫生设施，其中约170万人的生命原本是可以挽救的。

随着全球都市化的发展，到本世纪末，全世界将有一半人口住在城市。然而城市周围的淡水资源有限，人口的膨胀，必将带来水资源的紧缺。许多缺水城市的管道和供水系统非常陈旧，而且保养极差，有很大一部分水白白漏掉。所谓"去向不明的水"、漏掉的水和非法连接的水管盗用的水，在菲律宾首都马尼拉占58％，在韩国首都首尔占42％。肯尼亚首都内罗毕失水问题也极其严重，失掉的水足以供应这个国家的第二大城市蒙巴萨。根据联合国的一些官员预测，世界一些主要城市将严重缺水。他们认为，到2010年不论发展中国家还是发达国家的城市，包括北京、休斯敦、雅加达、洛杉矶和华沙等都将面临严重的缺水问题，而开罗、拉各斯、达卡、上海、圣保罗和墨西哥城等更有可能面临严重的水荒。

全球水污染情况也不容乐观。全世界只有5％的家庭和工业垃圾得到有效

△ 水是生命之源

处理，每天大约有200万吨垃圾要用城市供水冲走。而80％的疾病和1/3的死亡是与缺乏清洁用水有关。在印度尼西亚的泗水，穷人为得到清洁水而付给小贩的水费是自来水费的20～60倍。在海地首都太子港，居民付给小贩的水费最高可达自来水费的100倍。还有许多城市过量地开采地下水，造成地面下沉的严重后果。在过去的70多年里，由于人们不断从地下蓄水层抽水，致使墨西哥城部分地区下陷10.7米。在威尼斯，为了避免被海水淹没的危险，不得不停止抽取地下水。

随着世界人口的迅猛增长，人类的过度开采和浪费，工业污染以及干旱沙化等使得水资源越来越匮乏。由于缺水，一些国家的江河干涸，农作物枯萎，牲畜断水，火灾频繁，甚至在一些国家和地区间爆发了"水战"。富油贫水的科威特、沙特阿拉伯等国家更是水比油贵。水资源危机带来的生态系统恶化和生物多样性破坏，也将严重威胁人类生存。面对水资源日益紧张的形势，1993年1月18日，第47届联合国大会通过了一项决议：将每年的3月22

日定为"世界水日"。旨在使全世界都关心并解决淡水资源短缺这一日益严重的环境问题，要求世界各国根据本国的国情，开展相应的活动，以提高公众的水资源开发与保护意识。世界水日呼唤地球儿女，要珍惜每一滴水。

为引起国际社会对宝贵水资源的关注，2003年，联合国第58届大会通过决议，宣布从2005～2015年为生命之水国际行动十年，主题是"生命之水"，从2005年3月22日正式实施，该活动由时任联合国秘书长安南亲自发起。他敦促国际社会对全球范围内的水需求做出"好得多的"反应。他在发起仪式的致辞中说："水对生命至关重要。然而仍有数百万的人面临水的短缺，每年有数百万的儿童死于水传播的疾病。干旱仍然有规律地影响着一些世界上最贫穷的地区。这对人类发展和尊严而言是一个十分紧迫的问题。"

"国际十年行动"计划的目标是，2005～2015年，使约10亿无法获得安全饮用水和基本环卫服务的人口比例减少一半。为达到这一目标，各国政府将要在目前为了安全饮用水每年花费300亿美元的基础上，额外再增加140～300亿美元。其他目标还包括水资源保护和管理，在水资源方面进行国家间合作。在农业领域，政府将开展可持续用水的计划。

水是有限的，水是宝贵的，每一个地球人都要自觉地树立节水意识，拧紧水龙头，节约每一滴水，减少和杜绝人为的水污染。

二、中国水资源状况：我国是一个干旱、缺水严重的国家，淡水资源总量为28000亿立方米，占全球水资源的6％，但人均占有量很小，只有2300立方米，仅为世界平均水平的1/4、美国的1/5，在世界上名列121位，是全球13个人均水资源最贫乏的国家之一。而且水资源时空分布不均，从人口和水资源分布统计数据可以看出，中国水资源南北分配的差异非常明显。长江流域及其以南地区人口占了中国的54％，但是水资源却占了81％；北方人口占46％，水资源只有19％。由于自然环境的影响，高强度的人类活动的影响，北方的水资源进一步减少，南方水资源进一步增加。这个趋势在最近20年尤其明显。这就更加重了中国北方水资源短缺和南北水资源的不平衡。并且水体污染严重，进一步加剧了水资源的紧张状况。

全国有三亿多人存在饮水不安全，其中分布在华北、西北、东北和黄淮海平原地区的6300多万农村人口饮用水含氟量超过生活饮用水卫生标准，内蒙古、山西、新疆、宁夏和吉林等地，新发现饮用高砷水致病的受影响人口约200万人。3800多万农村人口还在饮用苦咸水，约有1.9亿农村人口使用受污染的水源。陕西是全国缺水最严重的省份之一，全省人均水资源量约1260立方米，仅为全国平均水平的1/2，特别是陕西关中地区的宝鸡、咸阳、西安、渭南、韩城经济带，人均水资源量不足全国平均水平的1/6。阎良区位于西安市的东北，居于渭北平原，以飞机制造工业而闻名于世，素有"中国飞机城"之称。该区内原有石川河与清水河交汇流入渭河，但是两条河流早已干涸，加上以前林立的大小造纸厂的严重污染和大面积抽取地下水，使得该区的地下水位不断下降，现在的机井深度一般都在二三十米以上才可以勉强抽取井水，个别的水井已经打到了100米以上。在阎良区的关山镇，看到农户在锅里烧开水的时候，边沿的一圈竟然是泛白的碱性沉淀物。这样的水他们已经喝了很多年，有的村子还靠修建水池积蓄雨水生活。该区的武屯镇近七八年来很多村子因为缺水只能种植一茬麦子，秋玉米根本无法耕种，有时候干旱的荒地里野草都可以着火。在鲁中山区，有位八十多岁的老人说，前几年由于连续干旱，春季连井水也大都干枯了，有时一口井会呼啦围上近百人，因抢水争斗甚至还曾闹出过人命。

据统计，全国城市缺水总量达60亿立方米，有2/3的城市缺水，其中1/6是严重缺水。北京是世界上严重缺水的大城市之一，水资源人均占有量为全国的1/8，世界的1/30。近期，北京市可持续发展科技促进中心等单位对北京市循环经济利用水资源情况进行了调研。调查显示，2005年全市用水总量为34.5亿立方米，其中生产用水27.6亿立方米，占总用水的80%：家庭生活用水5.8亿立方米，占总用水量的17%；生态用水11亿立方米。按目前用水量估计，到2008年北京市水资源缺口将达到11亿立方米。水危机将是长期制约中国城市经济发展的最紧迫的问题之一。

"水"这个曾被认为取之不尽、用之不竭的资源，竟然到了严重制约我国经济发展、严重影响人民生活的程度。缺水每年给我国工业造成的损失达2000亿元。中国的主要粮食产区在北方，农业需水量较大，在水资源捉襟见肘的情况下，为了保证粮食生产，还要拿出有限的水资源中的很大一部分供给农业灌溉。尽管如此，农业仍难逃缺水的命运。最近几年，农业每年缺水都在250亿～300亿吨，使33亿亩的土地收成受影响。影响粮食产量大约在250～300亿公斤，按每公斤0.6元计算，每年也有1500亿元的损失。

如何应对水资源短缺问题，是摆在我国政府和人民面前刻不容缓的迫切任务。近年来，水利部立足于"开源节流并举，把节流放在首位"的工作方针，努力解决水资源短缺问题，节水工作取得了长足的发展。总的来看，节水延缓了总用水量的增长势头，在一定程度上缓解了水资源供需矛盾。但是，节水的力度赶不上用水增长的幅度、水污染加剧的程度和水生态恶化的速度，水资源形势丝毫不容乐观。

总之，中国面临的水危机是严重的，但解决的办法也是有的，关键是要明确目标，认真落实。只要全国人民和各级政府共同努力，相信不久的将来我国的水资源状况会逐渐好转。

三、水是农业的命脉：水是农作物生长的基本条件之一。要保证农作物的正常生长发育，必须根据不同作物对水分的需求，适时适量地供应水分。

水分是作物的重要营养物质，所有植物体中都程度不同地含有一定量的水分，蔬菜中水分的比重较大，如马铃薯中水分占70.8％，黄瓜中的水分达90％以上。粮食作物中的水分则较少，如稻谷中水分占10.6％，大豆中水分占98％。

几乎所有的作物生产发育过程都和水密切相关，种子的萌发和庄稼的生长，都需要有充足的水分。根据科学的测定，生产1吨小麦需要1500吨水，生产1吨棉花需要1万吨水。一株玉米，从它出苗到结实，所消耗的水分达200公斤以上。"水是农业的命脉"，生动说明了水在农业环境中的重要作用。

种子播入农田后，土壤里要有一定的含水量，使种子体积膨胀，外壳破裂。与此同时，子叶里储藏的营养物质溶解于水，并借助水分转运给胚根、胚轴、胚芽，使胚根伸长发育成根，胚轴伸长拱出土面，胚芽逐渐发育成茎和叶，这样种子萌发生成幼苗。要使幼苗茁壮成长，开花结果，仍要供给充分的水分。水是植物跟外界环境作物质交换所不可缺少的，农作物只有在水分充足时才能够进行正常的生命代谢活动。土壤里的营养物质溶解在水里才能够被庄稼吸收，叶子以水和二氧化碳作为原料来制造养分；植物体内的各种生理变化在充满了水的细胞里才能进行。如果土壤里缺少水分，那么叶子就无法制造养分，庄稼也不能生长发育，甚至枯死。所以说水是使庄稼正常生长、丰产高产的最重要的条件。

农作物吸收的水分大部分消耗在蒸腾上，据观测，夏天一片叶子在1小时里所蒸发的水分，比它本身原有的水分还要多。植物蒸发水分是重要的生理过程，旺盛的蒸发可加速根对水分的吸收，土壤里的养分可随水流被带入植物体内，再转移到体内各部分去，供其生长发育的需要。另外，水分还参与调整植物的体温，维持它和气温的平衡，以免受害。

水分不足，会影响作物生长，导致作物产量下降。若土壤中水分不足，就要予以灌溉来补充水分。人们常见的水稻、小麦、玉米、黄瓜、白菜、西红柿等栽培作物，其需水量与有效降水量之间的差异，主要依靠人工灌溉来补充，特别是在比较干旱的地区，更需要定期灌溉。灌溉农田具有明显的增产效果，是目前水资源的主要用途之一。据统计农田灌溉的水量不仅超过生活用水量，而且远远超过工业用水量，在世界上比较落后的农业国更是如此。

四、水是工业的血液：水是工业的血液，任何工业生产都离不开水，可以毫不夸大地说，几乎没有一种工业不用水，没有水，工厂就不能开工。

水是一种最优良的溶剂，它不仅能溶解很多物质，而且还可用于洗涤、冷却和传送等方面。由于水具有多方面得天独厚的性质，因此在工业上得到极为广泛的应用。

工业上用得最多的是冷却用水。由于水具有比其他液体物质大得多的热容量，可储藏较多的热量，并且水价格低廉，取用方便，因而使之成为工业部门用量最大、最经济实惠的一种冷却剂。冷却用水在工业生产过程中可以带走生产设备多余的热量，以保证生产的正常进行。在火力发电、冶金、化工等工业部门冷却水用量都很大。一个40万千瓦的热电厂，大概需要20多个流量的水，即需要每秒流过某一断面的水量为20立方米。钢铁厂每生产1吨钢，需耗用200吨的冷却水；合成氨化工厂每生产1吨氨，则需要冷却水480吨左右。一个工业发达的地区，冷却用水量一般可占工业用水总量的70%左右。不过冷却水可以重复使用，而且对水质一般影响不大，这样可减少水的消耗量。

另一种工业用水是产品用水。它在生产过程中与原料或产品掺杂在一起，有的成为产品的一部分，有的只是生产过程中的一种介质，如在食品工业中的酿酒、制醋、生产酱油、制造饮料等，水都成为产品的组成部分，这些工业对水的质量要求十分严格。在造纸、印染、化工、电镀等工业中也有产品用水。这些水用后会含有大量的有害物质，如不进行处理，可能造成严重的水体污染。这种工业用水的重复利用率很低，耗水量也很大。如一个50万纱锭的纺织印染厂，日需水量在5000吨以上；每生产1吨人造纤维，用水量在1000吨以上；造纸工业也是用水大户，每生产1吨纸，可消耗500吨左右的水。

再一种就是动力用水，即以水蒸气推动机器或汽轮机运转。这主要应用在一些机械、动力、开采等行业。动力用水对水质要求不高，可以循环使用，真正的耗水量也不是很大。

此外，还有用来调节室内温度、湿度的空调用水，用于洗涤、净化的技术用水以及厂区绿化所需要的水等也要消耗掉相当一部分水。

近年来，随着工业的迅速发展，对水资源的需求也在急剧地增长。据估计，工业用水一般占城市用水总量的80%，它是造成许多地区水资源供需矛盾日益尖锐的主要因素，更是许多城市出现"水荒"的原因之一。因此，必须加强工业用水管理。

五、向大海要淡水：浩瀚的海洋中有的是水，可惜海水又苦又涩，不能直接用做人畜的饮用水，也不能用来灌溉农田。在人类淡水资源十分短缺的今天，最好的办法当然是向它"借"点水来用。如果海水能够淡化，那该多好。

从海洋里廉价地大量提取淡水是人们长期的梦想，早在四百多年以前就有人提出海水淡化的问题。进入20世纪后，海水淡化技术随着水资源危机的加剧得到了加速发展，20世纪70年代以来，更多的沿海国家由于水资源匮乏而加快了海水淡化的产业化。目前，无论是中东的产油国还是西方的发达国家都建有相当规模的海水淡化厂。沙特、以色列等中东国家。70%的淡水资源来自于海水淡化，美国、日本、西班牙等发达国家为了保护本国的淡水资源也竞相发展海水淡化产业。

所谓海水淡化，就是将海水中的盐分分离以获得淡水。其方法有闪蒸法、电渗析法和反渗透法等。

闪蒸法是先将海水送入加热设备，加热到150℃，再送入扩容蒸发器，进行降压蒸发处理，使海水变成蒸汽，然后再送入冷凝器冷凝成水，并在水中加入一些对人体有益的矿物质或低盐地下水，这样就得到了人们可以饮用的淡水。这种方法因所使用的设备、管道均用铜镍合金制成，所以成本很高，但可一举两得，既能获得淡水，又能在对海水蒸发处理时带动蒸汽涡轮机发电。闪蒸法是海水淡化的主要方法，目前它在世界海水淡化总产能力中所占比例为50%左右。较小的海水淡化工厂一般采用反渗透法，这种方法是用高压使盐水通过一个能过滤掉悬浮物和溶解固体的屏，从而获得淡水。反渗透法在全球海水淡化总产量中所占比例为1/3。电渗法则是在有廉价电能供给的情况下采用的一种方法，其建设时间短、投资少，制取淡水的成本也不高，目前也已为一些国家所采用。

在海水淡化方面，淡水资源贫乏的沙特阿拉伯已取得了许多成功经验。早在1928年，为解决吉达市居民的饮水困难，沙特阿拉伯就在那里建了两套蒸馏设备对海水进行淡化处理。此后随着沙特阿拉伯石油工业的发展和经济的发展，缺水问题日益严重。沙特阿拉伯于20世纪60年代开始大规模进行海水淡化，经过数十年的建设，现已具有相当规模，拥有23个大型现代化海水淡化工厂，日产量23.64亿升，同时发电360万千瓦。海水淡化事业的迅速发展，使沙特阿拉伯登上了"海水淡化王国"的宝座，长期令沙特人苦恼的淡水问题得到了基本解决。

海水淡化为一些水资源匮乏并且高收入的国家开辟了一条解决淡水问题的新途径，尤其在中东产油国得到普遍应用。但是由于海水淡化费用太高，特别是用闪蒸法所得到的淡水价格要比石油价格贵得多，可谓"水贵如油"，因此，海水淡化目前仍不能为大多数地区所接受。然而随着技术的进步，海水淡化的费用可能大幅度下降。例如人们现在经常在靠近发电设施处建蒸馏厂，利用发电的余热为蒸馏过程提供动力，可减少处理费用。此外，还有人正在研制仿鱼鳃的淡化器，也已取得了初步成果。

变化万千的水世界之谜

一、大自然中的水景观

大地上的水，就像母亲的乳汁一样，哺育着地球上的各种生命。它不仅广泛应用于人们的生活和生产中，而且在自然界中它还创造了各种奇特的景观，把大自然装扮得绚丽多姿，给人类带来了无穷的欢乐和美的享受。

瀑布是水在自然界创造的一种分布最为广泛且最为引人注目的奇观。瀑布飞流直下，犹如天上的银河降临大地，极为壮观，深受人们青睐，是人们喜闻乐见的旅游资源。

世界上最宽的瀑布是莫西奥图尼亚瀑布（即维多利亚瀑布），在非洲赞比亚和津巴布韦交界处的巴托卡峡谷中。瀑布呈"之"字形，绵延97公里。其中主瀑布高达122米，宽达1800米。瀑布被几个小岛分成五股倾泻而下，发出隆隆巨响，激起阵阵水雾，被风吹扬到几百米的高空，远在15公里之外就能听见它雷鸣般的巨响。每当日落或日出时，在阳光的照耀下，犹如一条绚丽的彩虹飞架在大瀑布和对面的悬崖之间，分外美丽。

世界上最高的瀑布是安赫尔瀑布，位于南美洲的委内瑞拉，圭亚那高原最高处的西北侧，卡拉奥河的支流上。安赫尔瀑布落差达979米，这里到处是浓密的森林，崖壁上云层密布。远远望去，只见云层中一条白练似的瀑布飞泻而下，这条瀑布先下泻807米，抵达一个横伸出来的悬崖，再倾泻172米，气势十分壮观。

尼亚加拉瀑布也是世界著名大瀑布之一，位于美国和加拿大的界河——尼亚加拉河上。瀑布总宽度为1240米，平均落差51米。乘电梯登上眺望塔，可见大瀑布浪涛翻滚，浪花飞溅，洒向空中的水沫像清晨的大雾一样在周围几公里的范围内弥漫不散。在阳光映照下，一道绚丽的彩虹横卧在瀑布上空。蔚为奇观。

海潮是水在自然界的又一杰作。人们把海水的涨落叫做潮汐。人们到海边去旅游，都喜欢观看潮起潮落的情景。涨潮时，海水犹如中锋陷阵的士兵，杀气腾腾地怒吼着，汹涌的波涛一浪高过一浪，向岸边涌来，撞击着礁石，冲刷着沙滩，发出雷鸣般的响声。落潮后，海水如同撤退的士兵，慢慢地停止了奔腾，在海滩上留下五光十色的贝壳。潮涨潮落有着变幻无穷的丰采，尤其是每年两次的特大潮更为壮观。世界上潮差最大的地方在加拿大芬地湾，那里最大潮高达18米。世界最著名的观潮胜地是中国浙江海宁盐官镇，那里的钱塘江大潮，堪称天下一绝。

自然界中的许多河流湖泊也是大自然的精美艺术品，成为著名旅游景观。险峻的长江三峡，秀丽多姿的杭州西湖，素有甲天下之称的桂林山水，被称为神话世界的四川九寨沟，都是著名的旅游胜地。

人类在很久以前就感受到水的魅力，便有意识地用水来装点自己的生活环境。园林、广场、街道上的水池、喷泉、瀑布、水幕等都是引人注目的人工水景。

二、千姿百态的泉

泉是地下水的露头。由于地下水流经的岩层和所处的地质构造、水文地质条件千变万化，因而会出现各种稀奇古怪的泉。有的泉滴滴渗出，清澈晶莹，有的奔腾突起，声若雷鸣。但尤为引人注目的还是那些千姿百态、景象奇特的奇泉：鼓动则泉流、声绝则水竭的声震泉，一天甜、一天酸的甘泉，发出美妙动听琴瑟之音的响泉，涌花飞鱼的花泉、鱼泉，还有定时喷水的间歇泉等。

美国西部的落基山西侧的黄石河上游，有一个世界著名的国家公园——黄石公园。公园内有3000多个温泉和间歇泉。在200多个间歇泉中，最著名的是老实泉，它信守时间，每隔64.5分钟喷射一次，每次喷射历时4.5分钟，水柱高达56米，喷水量为41640升。有人说它"像钟表一样"准确。由于"忠实"可信，故称"老实泉"。许多游人为目睹泉水喷射的壮景，竟在泉口旁守候一小时，每当泉水喷发时，参观游人欢喜雀跃。

在古巴南部海面的圣萨尔瓦多岛上，有一奇泉。它每天三次喷水，泉水均带有淡淡的酒香，饮后满口生津、精神倍增。当地居民在新婚大喜之日，常与新人一起痛饮这种"天然酒浆"，因为"酒泉"象征着"健康长寿、白头偕老"。近年来，欧美等地去四季如夏的圣萨尔瓦多岛观光的游客与年俱增，除了由于400年前哥伦布曾"大驾光临"过这个岛以外，就是为了品尝这"酒泉"了。

三、大地明珠——湖泊

地球上有无数大大小小的湖泊，它们是人类环境中不可缺少的组成部分。一个个碧绿的湖泊，镶嵌在辽阔的原野上、绵亘的山丛间、无边的草原里，犹如一颗颗明珠，把大地装扮得分外美丽。她使景色变得秀丽而生动，"朝晖夕阴，气象万千"，令人胸怀开朗，心旷神怡。

湖泊作为自然系统的重要组成部分，对人类生存环境有着十分重要的影响。它不仅有丰富的水资源，能调节水量，用于发电、养殖、灌溉和航运，而且还含有较丰富的水产资源。

湖泊是重要的水源，其中储有大量的水，可以作为城乡人民生活用水的水源地，也可以用于农业灌溉和工业生产。湖泊还可以有效地调节河川的径流量。洪水季节，湖泊可以蓄积水量，降低洪峰流量，防止洪水灾害；枯水季节，湖泊就排泄水量。如1954年中国长江发生特大洪水，当时进入鄱阳湖的最大洪峰量为48500立方米/秒（6月17日），而泄水量却只有22500立方米/秒（6月20日），从而大大削减了洪峰流量，并使洪峰滞后了3天，为下游的防洪工作减轻了负担。

我国南方的长江流域，历史上有着众多的湖泊，如洞庭湖、鄱阳湖、太湖等。荆襄之地古称"云梦大泽"，即使在明清之际，湖北省也有"千湖之省"的称号。因为长江中下游的这些湖泊，与江河贯通，江涨湖蓄，调节丰枯，是长江水的自然调节区。然而，由于泥沙淤积、围湖造田，致使长江中下游的许多湖泊已不复存在。

城市扩建、填湖造地是导致湖泊数量减少、面积缩小的主要原因。洞庭湖史称"八百里洞庭"，如今却萎缩为"洪水一大片、枯水几条线"的惨景。1949～1983年的34年间，湖面缩小38％，围湖造田使湖面减少2000万亩，湖泊容积从1949年的293亿立方米，降至现在的178亿立方米，减少40％以上。湖泊面积缩小，导致在同流量的情况下水位抬高，汛期洪水水位一般高于境内地10米，险象环生。鄱阳湖也未能幸免。1954～1997年，鄱阳湖面积由5160平方公里，缩小到3859平方公里，其中1301平方公里的湖泊被围垦掉。1950～1997年的48年间，鄱阳湖年最高水位，后24年比前24年平均提高了1.01米，调蓄能力明显下降。现在每年有2100万吨泥沙流入，使湖底每年淤高2～3毫米。有的专家给这两个大湖"算命"，说它们最多还能"活"五六十年了。

罗布泊，蒙语为"汇入多水之湖"的意思，发源于新疆天山山脉，曾经是中亚地区最大的淡水湖，面积达3000平方公里，但罗布泊的满湖汪洋之水，现在已被可怕的满地鸟尸所代替，在21世纪，罗布泊终于干涸了。新疆的第二大湖——艾比湖也正在步罗布泊的后尘。

曾"四死一生"的白洋淀20世纪60年代干涸一次，70年代干涸两次，20世纪80年代干涸一次，又于1988年8月复生，蓄水5亿立方米，但很快，污染的魔爪便向它伸来，使1/3的水域已遭到不同程度的污染。复生之日，便是"病入膏肓"之时。

另外，我国湖泊普遍遭到污染，尤其是重金属污染和富营养化问题十分突出。例如滇池是昆明最大的饮用水源，供水量占全市的54%。由于昆明市及滇池周围地区大量工业污水和生活污水的排入，致使滇池重金属污染和富营养化十分严重，作为饮用水源已有多项指标不合格，藻类丛生，夏、秋季84%的水面被藻类覆盖。昆明市第三水厂1993年被迫停产43天，直接经济损失4000多万元。沿湖不少农村的井水也不能饮用，造成30多万农民饮水困难。由于饮用污染的水，中毒事件时有发生，滇池特产银鱼大幅度减产，鱼群种类减少，名贵鱼种基本绝迹。

湖泊是人类文明的发源地之一，它的污染、断流和干涸，将最终导致这一流域或地区人类文明的断送乃至消失，其后果是十分严重的。

四、地球上最大的淡水库——冰川

在地球上纬度较高地区和高山地区，气候寒冷，积雪常年不化，时间久了，就形成了蓝色透明的冰层。冰层在压力和重力作用下，沿斜坡慢慢向下滑去，就形成了冰川。

冰川是陆地表面的重要水体之一，也是地球上最大的淡水储存库，其储

水量约占陆地淡水总储量的687%。它的存在及其活动,对地球气候及环境产生着重要而深远的影响。地球上的冰川如果全部融化,那么海平面将上升80～90米,地球上所有的沿海平原将变成汪洋大海,荷兰、英国等几十个低洼国家将成为海底世界,法国巴黎也许只能看到艾菲尔铁塔的塔顶了。

地球上的冰川面积大约有2900多万平方公里。根据其形态和分布特点,可分为大陆冰川和山岳冰川两大类。大陆冰川又叫冰盖,它是冰川中的"巨人",面积大,冰层厚,中间厚,四周薄,呈盾形,主要分布在南极洲和北极的格陵兰岛上。

南极洲是冰的"故乡",那里有面积达1398万平方公里的巨大冰盖,最大冰厚度超过4000米,平均厚度2000米。冰从冰盖中央向四周流动,最后到海洋中崩解。由于气候寒冷,南极洲一年到头几乎都是"千里冰封、万里雪飘"的冰雪世界、可是近三十年来,那里竟出现了一些异常现象,有的地方冰雪开始融化,有的地方甚至出现小片的绿洲,边缘的冰山脱离母体向大洋漂去,仅1998年就失去3000平方公里的冰面积。这些现象显示,全球气温上升已使南极冰川加速融化。据极地科学家称,在过去的50年里,南极的温度已经上升了25℃,而在北极,升高25℃只用了30年时间。卫星监测结果显示,海平面已上升了6.3毫米。

北极是地球上的另一个冰雪聚集之地。在格陵兰岛上,冰川面积为165万平方公里,占格陵兰总面积的90%,中心最大厚度1860米。在寒风刺骨的北冰洋冰层上,除了人们要用热水将冰加热,一般是见不到液态水的。可是,2000年夏,北极也出现令人震惊的现象:北极竟出现一片宽1600米的水域!科学家认为。南北两极的消融现象是地球气温上升的一个信号,如果这种趋势持续下去,人类就将遇到许多麻烦,导致海平面上升,台风、暴雨、旱涝灾害频繁发生等一系列环境问题。

山岳冰川主要发生在中纬度与低纬度地区的山地上,它们的形态常受地形的影响,比大陆冰川小得多。它们有的蜿蜒逶迤、静卧幽谷,有的气势磅礴,如瀑布飞泻而下,尤其是那些冰川上的冰塔、冰洞,千姿百态,十分壮观。喜马拉雅山、阿尔卑斯山、高加索山等都有山岳冰川。山岳冰川是许多大江大河的发源地,冰融水是河流水源的供应者,滋润着山下的田野。

冰川是自然界重要的、有很大潜力的淡水资源。冰川中储存的大量淡水，水质良好，可以用来开发干旱地区，改造沙漠，发展农业生产。亚洲中部干旱区（包括中国西部、中亚、阿富汗、巴基斯坦及印度部分地区）历史悠久的灌溉农业，在相当程度上依赖着这一地区山岳冰川的融水。在欧洲的阿尔卑斯山区和挪威，有大量水库修建在冰川末端以下的河谷中，它们蓄积大量的冰川融水用来发电。据报道，瑞士能源大部分来自冰川融水发电。

某些山岳冰川的融水有时也会给人类带来危害。如冰湖溃决，形成冰川洪水。在强烈消融季节也常发生冰川泥石流，尤其在暴雨和强消融叠加在一起时，泥石流爆发的可能性更大。这些灾害会冲毁村庄，淹没农田，阻塞江河，影响交通，给人们的生命、财产造成极大损失。

在两极地区，海洋中的波浪或潮汐猛烈地冲击着附近海洋的大陆冰，天长日久，它的前缘便慢慢地断裂下来，滑到海洋中，漂浮在海洋水面上，形成冰山。格陵兰、阿拉斯加等地是北极地带冰山的老家，每年约有16万座冰山离家漂行。南极海域是冰山最多的地方，每年大约有20万座冰山在海洋里游弋。

一般来说。冰川是气候的产物。冰川变化在一定程度上反映气候变化情况，有人称冰川是气候变化的指示器，因此冰川历来是环境监测研究的对象。冰川对气候有明显的反馈作用，为气候形成的重要因子。冰雪对太阳辐射有很大的反射率，这使冰雪地区接受的太阳辐射大大减少。冰雪消融需要大量的热能，因此冰川表面气温一般比相邻的非冰川地面低2℃左右，而湿度则要高些，这有利于冰川地区形成较多的降水。极地冰雪变化会直接影响全球大气环流和气候。不久前，格陵兰冰川研究所提供证据表明，依据冰层厚度可确定逐年的降雪量和气温值，冰层中尘埃与含盐成分还能提供风暴和干旱等信息。极地冰盖的消融是气温上升的可靠信号。如果未来全球气候大幅度转暖，使部分冰盖融化将导致海平面上升，会严重危害滨海低地的国家和人民。